# 我的家装 STYLE

理想·宅 编

# 三个人的乐活美宅

U0390561

化学工业出版社

·北京·

**图书在版编目(CIP)数据**

我的家装STYLE.三个人的乐活美宅 ／ 理想·宅编.
— 北京 ：化学工业出版社，2013.1
ISBN 978-7-122-16187-1

Ⅰ.①我… Ⅱ.①理… Ⅲ.①住宅－室内装修－建筑
设计－图集 Ⅳ.①TU767-64

中国版本图书馆CIP数据核字（2012）第311975号

责任编辑：王斌 邹宁　　　　　装帧设计：骁毅文化

出版发行：化学工业出版社(北京市东城区青年湖南街13号　邮政编码100011)
印　　装：北京画中画印刷有限公司
710mm×1000mm　1/16　印张8 字数100 千字　　2013年2月北京第1版第1次印刷

购书咨询：010-64518888（传真：010-64519686）　　售后服务：010-64518899
网　　址：http://www.cip.com.cn
凡购买本书，如有缺损质量问题，本社销售中心负责调换。

定　　价：28.00元

# 前言

PREFACE

随着社会的发展，人民的生活水平不断提高，装修已经成为现代都市人在买到房子后做的第一件事情。良好的家居氛围可以改变心情，使人们感到放松、舒适，抛除外界的烦扰，而氛围的改变需要依靠家居环境的装修和装饰。装修对于每个家庭来说，都是营造美好生活的一件大事，只有掌握其中的规律，才能少留遗憾，营造出温馨美满的家庭环境。

家庭成员不同，家居装修的要求当然也会有所不同。本套由理想·宅Ideal Home倾力打造的《我的家装STYLE》系列图书正是以家庭成员为出发点，以家庭常住人员的特点进行分类，使丛书的指向性更为明确、参考性更加具体。本套书共分为四册，分别为《一个人的专属之家》、《两个人的甜蜜爱巢》、《三个人的乐活美宅》、《三代人的幸福世界》。收录了最新、最优秀的适合一个人、两个人、三口之家以及三代同堂居住的家居空间装修的案例图片。丛书运用清新实用的文字介绍了各种最新的设计元素与实用知识，不仅提供了各种材料的特性、选购窍门等实用知识，而且对如何打造温馨、舒适的家居环境给出了诸多建议，从而使读者在最短的时间内轻松了解到适合自己的家庭装修方案，对广大业主来说有很高的参考价值。

本套丛书的特色之处在于书中使用了大量完整的实际案例和预算表，让读者翻阅起来一目了然，从而对自家的装修成本更清晰明确，进而为打造自己理想的住宅提供参考依据。

参与本书编写的有孙盼、李小丽、王军、李子奇、邓毅丰、刘杰、李四磊、孙银青、黄肖、肖冠军、安平、王佳平、马禾午、谢永亮、梁越。

# CONTENTS

# 目录

P19

P43

对于一个成熟的小康家庭，简单中透露奢华、时尚中包含经典的装修定位是**十分恰当的。**

# 风格设计

三口之家的家庭装修要注意孩子逐渐成为了生活的重心。三口之家的家庭装修要注意

三口之家的居住面积一般得到了改善，孩子逐渐成为了生活的重心。三口之家的家庭装修要注意追求生活空间的实用性和舒适度，兼具独到的品位，同时也要对孩子的健康成长有利。

# A*BOUT*

## 美式田园风格

**业主如是说：** 对于偏好美式田园风格的业主来说，家居风格一般希望大方而气派，但又不想过多地强调装饰细节。

**设计师如是说：** 硬朗光挺的家居风格，粗犷华丽而又兼具古典主义的优美造型，摒弃繁琐与奢华，会使整体装修体现出特有的美式浪漫氛围。

# A美式田园风格

　　美式田园风格具着一种很特别的怀旧、浪漫情结，这种情结使得美式田园风格可以与奢华的古典风格分庭抗礼而毫不逊色。美式田园倡导"回归自然"，在美学上推崇自然、结合自然，在室内环境中力求表现悠闲、舒畅、自然的田园生活情趣，巧于设置室内绿化，创造自然、简朴、高雅的氛围。从世界范围上看，现在大多数人们对舒适轻松的乡村生活的向往已到了近乎痴迷的程度，大自然本身蓬勃的生命力足以令所有人心动不已。应该说，美式田园风格摒弃了繁琐与奢华，兼具古典主义的优美造型与新古典主义的功能配备，既简洁明快，又便于打理，自然更适合三口之家的日常生活使用。

## 美式田园风格的材料选择

　　美式田园注重家庭成员间的相互交流，注重私密空间与开放空间的区分，重视家具和日常用品的实用和坚固。美式田园风格的家具通常具备简化的线条、粗犷的体积，其选材十分广泛，包括实木、印花布、手工纺织的呢料、麻织物以及自然裁切的石材等多种材料。美式田园风格在材料选择上多倾向于较硬、光廷、华丽的材质。

## 美式田园风格整体布置上的特点

　　美式田园风格在整体布置上有其自身的形式与特点。起居室一般较客厅空间低矮平和，选材上也多取舒适、柔性、温馨的材质组合，可以有效地建立起一种温情暖意的家庭氛围。电视等娱乐用品放在这一空间中，可以想象在电视广告的声色、锅碗瓢盆的和乐、孩子嬉戏的杂音下，这"三区一体"是多么的其乐融融。餐厅基本上与厨房相连，厨房的面积较大，操作方便、功能强大。在与餐厅相对的厨房的另一侧，一般都有一个不太大的就餐区。厨房的多功能还体现在家庭内部的人际交流多在这里进行，这两个区域会同起居室连成一个大区域，成为家庭生活的重心。

# S 东南亚风格

东南亚风格的居室抛弃了复杂的装饰，取而代之的是自然的木材、藤、竹等材质。原汁原味的乡土物件，注重手工工艺，更符合时下人们追求健康环保、人性化以及个性化的价值理念，同时也会给孩子一个健康的成长环境。在设计空间上采光和通风更为重要，室内绿植也不可缺之。在软装饰上，东南亚风格以大胆的配色和精巧的搭配创造出了华美和谐的色彩感。

东南亚风格已经不仅仅是一种风格，更是一种生活态度。东南亚情调让在紧张都市中生活的人们回到家就能舒缓一口气，慵懒的氛围能让人得到心灵的舒缓和灵魂的解放。

藤制家具是东南亚风格的代表

白色、黄色搭配原藤色的家具最能营造出清凉之感。如果想进一步强调风情，白色与古朴的原木色、蓝色或墨绿色的搭配无疑是最佳的选择。

**业主如是说：**有着浓浓的原木情节，希望尽可能地运用木材装点自己的家，最好能带一些异域风情。

**设计师如是说：**采用栗色原木板材拼接作为吊顶装饰，搭配一盏泰式风格的吊灯，异国情调迎面而来。同时搭配褐色木贴面的家具以及深色靠枕，颜色较深的地面瓷砖和灰色混纺地毯能使整体空间色调搭配，不会头重脚轻。

*A* **BOUT**

# 东南亚风格

## 东南亚风格的家居底色

如果你早已沉迷于东南亚情愫，在墙面、地面上已经铺好了红色、藕紫色、墨绿等华彩的基调，那么黑色或黑胡桃色的藤制家具是最好的选择。如果搭配上艳丽的布艺产品，冲淡深沉的格调，那么其将成为最好的家居底色。

## 东南亚风格的配饰选择

如果居室的颜色过于单调，那么妩媚的泰丝抱枕绝对是最佳的选择，它可以让很多都市人在发呆、看书、听音乐，甚至是享受阳光时都能把温暖抱入怀中。

# A BOUT
## 欧式古典风格

**业主如是说：** 整体家装的风格希望产生奢华大气的感觉，让人过目不忘。

**设计师如是说：** 采用胡桃木家具搭配栗色橡木地板，墙面使用浅色暗纹壁纸，在低调中显露奢华。同时，别出心裁地使用了弧形吊顶，十字形木梁板材加上气质典雅的吊灯，使得整个空间一下子高贵了起来，形成视觉的焦点。

# Europeon Classical Style
# E欧式古典风格

欧美风向来用高贵华丽的设计高调地表达着复古情怀。但是近年来，欧美风格中也融入了一种低调的奢华，复古的图案、华丽的面料以及家居细节上的装饰，表达出欧美风的新内涵，在细节中体现了大家风范。

在古典奢华的调子里，中式装修虽有帝王的贵气与威严，但与欧洲贵族式的家具装饰比起来，仍有些清高。欧式的古典家具很容易成就奢华的气质。看着餐桌椅、沙发、茶几、书柜那些蜿蜒起伏的弧线回旋着柔美曼妙的韵致，在极简已经成为视觉的一种习惯后，被我们长久忽略了的婉约情怀也在慢慢地苏醒，古典的魅力也正在于此。怀旧奢华的味道还体现在居室里无处不在的雕花，描金和复杂的曲线。细节处雕镂精致的图案或许已有磨损，但那技艺的细腻工巧已经深深浸入。凡是与人体接触的地方，比如坐椅、靠凳都是与人体契合的形状，均采用复杂的软包工艺来制造豪华感。

## 欧式古典风格家居的照明设计

欧式古典风格家居的灯光设计区分为照明光、特殊光（特别照亮某个空间或者某个物体的光）、情调气氛光。基于古典风格的美学特征，照明光线不宜过亮，达到"柔和"的效果最佳。古典风格的灯具，通常色彩沉稳，气质隽永，追求一种高贵感。烛台形吊灯造型典雅，是欧洲古典风格家居中最典型的灯具款式。它一般采用黄铜和树脂为主材，并在装饰性的花纹细节上大动心思。另外，带有蕾丝花边的灯具、羊皮灯或天然石磨制的复古灯等，与摆饰搭配将会更好地烘托出卧室的典雅气质。

## 油画是古典风格的经典符号

　　在欧式风格中，油画似乎成了主打装饰。它不仅诠释着欧式家具的精髓，甚至从某种意义上说，也是整个欧洲艺术文化发展的缩影。许多用于欧式风格装饰的油画都是文艺复兴时期作品的复制品，这些油画大多具有强烈而独特的风格，线条或抽象、或流畅，充分吸收了文艺复兴时期的传统手法，整个画面精美绝伦，使房间品位大增。在悬挂油画时也非常有讲究，通常会将墙面做相应的处理，甚至可以打造成整个画面的底色调，以更好地表现画的主题。油画的色调可比整体家具色彩亮些，这样不仅可以提升整体家居的色彩，而且可使画面更加明显，提升家居品位。

# F un Home
# 缤纷家居

三口之家在进行装饰时一定要考虑孩子的需要。孩子幼时的成长环境会影响他的一生，而空间的色彩与光线尤其重要。专家表示，如果孩子还比较小，不妨把家里装点得绚烂一点、缤纷一点。从色调上来说，应以粉红、天蓝、草绿、鹅黄、亮橙等亮丽的色彩为主。

## 缤纷家居的建材选择

年纪小的孩子喜欢在地板上爬、坐、躺，因此，地面材料不宜采用坚硬的大理石、花岗石和水泥地面等，最好用复合地板或实木地板，安全起见，在板面上铺一块地毯会更好。

在家具选材上，最好避开金属、玻璃等坚硬的材质，选用自然的原木。一来视线上偏柔和，二来环保，从身体上保证孩子的健康安全；在结构上，家具的边角和把手应该不留棱角和锐利的边，桌椅要尽量选择圆滑的钝角，以防尖锐的桌椅角让到处奔跑追逐的孩子撞上。

## 开辟一块游戏空间

　　如果空间允许的话，不妨再开辟一个孩子的游戏空间。如果房子面积有限，客厅就变成了最佳的亲子空间，一定要在客厅划出一定的空间留出给孩子奔跑、游戏，不要只能放下沙发和茶几。

　　孩子长大一点后，如果空间允许的话，不妨专门做一个儿童房。儿童房最好要有充足的照明，能让房间温暖、有安全感。至于儿童房的颜色、装饰、家具的选择就让小主人做主吧。

# Simple European Style
# S简欧风格

简欧风格的代表——北欧风格装饰，以简洁著称，并影响到后来的"简约主义"、"后现代"等风格。在家庭装修方面，室内的顶、墙、地等六个面，只用线条、色块来区分点缀，完全不用纹样和图案装饰。简欧风格和现代风格在某种程度上类似，但是地道的简欧风格会用木质注入温暖的感觉。所以可以看到，木质的书架或桌椅常常会安静地放置在干净的空间里。灯具的使用也是简欧风格家居所在意的，各式烛台出现在不同的空间里，会带来温暖的感觉。简欧风格线条简洁实用，空间显得干净，很适合追求自然恬静生活的家庭。

## 简欧风格的居家色调

在简欧风格的居家中，浅淡的色彩如米色、浅木色等，会让居家空间彻底降温。另外，黑白也是北欧家居里常出现的颜色，或作为主色调，或作为重要的点缀色使用。北欧简约主义风格中，白色的运用尤其重要。北欧是一个寒冷的地方，所以在家居装修中会采用明亮温暖的颜色。近年来简欧风格中黑白配搭运用得非常多，即使不是作为主色调，白色在装饰搭配中也很重要。

**业主如是说：** 选择简欧风格，希望整体装饰大气沉稳，材质多元化，同时不失时尚的气息。

**设计师如是说：** 黑白色的搭配褪去缤纷的色彩，将简约与古典化为一身，平静但不失深刻。布艺沙发与皮质靠背椅，虎纹人造地毯与深栗色实木地板，在颜色和色彩上交相辉映，造型别致的褐色装饰吊灯和设计典雅的茶几也彰显主人家优雅的气质。

## 简欧风格的材质搭配

在材质方面，简欧风格以自然的元素为主，如木、藤、柔软质朴的纱麻布品等。使用这些材料时材质、色彩一般都可兼容，但比例需拿捏得当。简欧风格的装修简洁而有力度，充满着丰富的想象力，非常适合现代人的需求。

## 简欧风格家居最常见到的板式家具

在简欧风格的家居中最常见到的是板式家具。这种使用不同规格的人造板

材，再以五金件连接的家具，可以变幻出千变万化的款式和造型。这种家具靠比例、色彩和质感来传达美感，与实木类家具一样，都十分贴近生活，有浓厚的人情味。这种家具反映了装饰家具的"人本"理念——贴

近生活，品味高雅；再就是造型、结构简练大方，整体配套自然和谐，这种立体感和艺术感会给人品味超群的印象。

## 摈弃过于累赘的硬装饰，宜简不宜繁

从装修理念来说，宜简不宜繁，应坚决摈弃过于累赘的硬装饰，确立结构简单、线条明快的风格特点。弱化空间分隔，坚持空间的单纯是最好的装修方式。简欧风格家居以干净简单为原则，以白色为基调。另外，北欧的家饰品设计带有浓厚的设计感，同时也不失实用，所用到的东西基本上都是生活里需要的物品。

## 原木的使用也是简欧风格的特色

除了干净之外，用原木来温暖整个空间也是简欧风格的特色。在干净的色调里注入原木湿润的感觉，能中和过于冷调的空间。木质、藤编等天然的东西，可用来增加暖意，不过比例上不宜太多，约占3成即可。虽然简欧风格采用大量的原木，但颜色上仍然以浅色的为主，这样才能搭配出清雅、干净的家居环境。为保证空间视觉的通透性，衣物和杂物等应尽量"藏"起来，因此需要有足够的储藏空间。灯饰也以暗藏在墙壁、屋顶的方式为主，不宜采用造型复杂的水晶吊灯等。

结合原有的建筑构造，通过**造型和色彩划分出**功能空间。强调肌理的变化、质感的对比，这些充满时代感的设计，会营造出一种以孩子为重心的**三口之家的理想环境。**

# 空间设计

对于中、大户型的装修设计，其精华就在于如何把超大空间分割成许多不同功能的独立空间，并且使其相互连接。由于面积较大，所以在空间分隔时，经常会造成面积的利用率不均，比如活动少的空间留了很大的面积，而使用频繁的空间反而显得局促。因此对于三口之家来说，空间设计是骨架，如果没有空间设计，其他设计则会是一盘散沙。

## A BOUT

## 客厅

**业主如是说：** 希望自己的客厅显得宽敞明亮，有温暖舒适的感觉。

**设计师如是说：** 采用浅黄色软包的形式装饰客厅墙面，显得典雅大气。整体家具的搭配也属明快色系，让整个空间一扫暗沉之气，墙面点缀色彩亮丽的装饰画也成为亮睛之笔，更显格调。

# Living Room
# L 客厅

客厅是整套房子的"门脸儿"，是家居生活的核心区域，又是接待客人的社交场所，是全屋的重中之重，因此如何扮靓客厅就显得尤为关键。雍容华贵的客厅总是让人喜欢不已，除了在感官上会给人以视觉上的冲击，同时也能在触觉上给人以舒适感。因此，奢华的客厅装修很受欢迎，部分业主宁愿烧钱把客厅装修得富丽堂皇。

## 色彩搭配

一般有孩子家庭的客厅用色都比较大胆，相对而言，材料与质感的和谐就没有那么重要了。只要把握"明度低、彩度高"的选色原则，就能创造出靓丽的客厅。除了金、银等这些常用的金属色元素外，不妨发挥创意，把它们与酒红色、紫色、宝蓝等组合在一起，定能取得意想不到的效果。

### 金色在大户型客厅的应用

拥有较大客厅的三口之家，选择金色更能体现家居的品质。如果你想用金色装点客厅，同时又不想放弃简单与直白的调子，那么在布置客厅时，一定要注意选用色调单纯、设计与线条都简单的家具。而在壁纸、画框、配饰的选择上，也尽量以亚光金为主，同时兼顾几何感强的设计。如果要达到现代版的金质效果，那么壁纸的花色是非常重要的，不要选择图案复古、花样较碎的壁纸。

金色的应用有三个方面需注意：材质、颜色、面积。在材质上尽量和亚光材料的家具搭配，否则容易造成浮躁的效果。在颜色上一定要和饱和度高的色彩搭配，黑、红都是不错的选择，白色就需要在造型上下工夫。在使用面积以"块"和"点"为佳。

## 金色与银色的搭配在大户型客厅中的应用

金色与银色的搭配能够营造出简单、奢华、神秘的氛围，闪亮的材料和夸张的造型是空间风格的显著特点。如果能与红色、绿色、蓝色、紫色等大胆地搭配，也会给人们感官上的刺激。空间的灯光设计应该烘托出家具的造型和空间结构的新奇感，让家居空间更具有表演性。

## 黑白 + 银色在大户型客厅中的应用

不妨试试使用黑白与银的搭配来打造个性的客厅。黑与白，带着某种清冷的气

质，实际上与银无异，那便是：不含杂质。黑白与银，这两种原本性质迥然相异的色调，而今在"时尚"的姿态下相互搭配，甚至呈现出了某种有趣的和谐。

## 灰色在大户型客厅中的应用

灰色与亮色搭配，就有了一种互补的视觉效果。亮丽的颜色在灰色的衬托下显得更有魅力，而灰色也会减缓亮色的浮躁，使其变得更有内涵。灰色是一种极随和的颜色，在华丽客厅中常用来搭配其他颜色。若色彩搭配不合适时，也可以用灰色来调和。

## 红色 +蓝色在大户型客厅中的应用

红色与蓝色搭配，在统一的鲜亮色调中加入素雅的暗色色调，会显得格调高雅、富有现代感。要想"在安宁中透露华丽"，可尝试使用这种配色。

# 家具布置

最常出现在客厅的家具莫过于沙发、单体坐椅、茶几、电视柜等。如何将这些家具元素根据实际情况进行灵活的布置是客厅家具布置中的重要部分。客厅的家具应该根据居住者的活动情况和空间的特点来进行布置。每一种家具布置方法都会形成一种聚散通隔的作用，应当首先能够保证人的活动舒适自如。

## 客厅家具摆法——围坐式

主体沙发搭配两个单体座椅或扶手沙发组合而成的围坐式摆法，能形成一种聚集、围合的感觉，适合一家人在一起看电视，或很多朋友围坐在一起高谈阔论。

## 客厅家具摆法——对坐式

　　将两个沙发对着摆放的方式不大常见，但事实上这也是一种很好的摆放方式，尤其适合越来越多的不爱看电视的人的客厅。在面积不同的客厅，这种摆法都可以实现，只需变化沙发的大小就可以了。

# 配饰设计

　　大面积的客厅给人提供了舒适自如的活动空间，但有时也不免给人空旷的感觉，解决这一问题最简单的办法是巧妙使用各种小饰品进行点缀。例如在大面积客厅中，有可能会出现很长的一面墙壁。如果在这样的墙壁上悬挂一幅很大的装饰画会显得难看，而采用一组较小的装饰画则会有很好的装饰效果。地毯在大客厅中会有很多用武之地，尤其是图案比较抽象、色彩较为艳丽的块毯，会有很独特的装饰效果。

## 大户型客厅使用吊灯更显华丽

　　大型吊灯常出现在华丽的客厅里。金属色光芒闪耀的特点在大型水晶上表现得淋漓尽致，层叠的造型和完美悬垂感，使之能很好地适用于挑高的客厅或楼梯口；多头的玻璃吊灯散发着金色光芒，更受到新古典风格的青睐；

塑料、不锈钢、纸质的大尺寸灯罩，虽造型简洁，却可披上金属色的外衣，使之也走在了流行的前沿。

# 餐厅

**业主如是说：** 能让一家人在忙碌的一天工作之后，热热闹闹地共进晚餐，享受天伦之乐。

**设计师如是说：** 采用相当大胆的红色来装饰整个餐厅，各种光线的配合让整个空间呈现一种热烈的气氛，富贵感十足。同时暗色餐柜和地面也让空间显得厚重而不轻佻。

# Dining Room
# D餐厅

餐厅装修讲究实用性与美观性的完美结合，一个成功的餐厅装修很容易制造浪漫感觉，在温馨的餐厅中和爱人享受烛光晚餐，或是一家三口共品爱心大餐，是人生中无比幸福快乐的事情。

## 色彩搭配

### 餐厅中金色的应用

对于三口之家的餐厅，如果面积够大，很多人第一时间想到的是金色。不过一般来说，金色在餐桌椅上不过是蜻蜓点水，除了皇宫贵族，很少有人使用金色去大面积装饰餐厅，所以若使用了金色，则在搭配上要注意呼应。在餐厅中，金色多与白色搭配，金色熠熠生辉，显现了大胆和张扬的个性，在简洁的白色衬映下，视觉会很干净。餐厅灯光一定要偏暖色调，

最好使用黄光，墙面可以是淡色或者带金线的墙布、墙纸。如果桌面也是金色，那么可以用咖啡色桌布调和。

### 餐厅中红色的应用

很多人也喜欢用红色来打造华丽的餐厅。在以红色为主调的空间里，人们有时候会觉得颜色饱满得要溢出来，奢华的家具也镇不住。这时候不妨试试再搭配些颜色更厚重的装饰画或灯饰，红和金的富丽感无可匹敌，极致张扬个性的结果反而会有出奇地和谐。

# 家具布置

　　餐厅的色彩一般都是随着客厅搭配的。在大多数户型里，餐厅和客厅是相通的。所以，在进行色彩设计时，最好能对餐厅和客厅做全盘设计。年轻人可能喜欢活泼跳跃的色彩，但中老年人可能更偏好中性稳健的色调。总体说来，餐厅色彩宜以明朗轻快的色调为主，最适合的是橙色以及相同色调的近似色。这种色彩搭配有刺激食欲的功效，它们不仅能给人温馨感，而且能提高进餐者的兴致。

## 餐桌无疑是餐厅的主角

　　把暖意融融的皮革覆盖在餐桌椅表面，会彰显餐厅独特的品位。其实除了皮草，丝缎类、棉织类等物料都可以应用到餐厅的家具上，它们能够让现代与古典元素完美交融，充满奢华感。在色彩的选用上，除

了经典的黑白，还可以将时装的流行色引入餐厅，深色的静谧、浅色的明快，将共同搭配出独一无二的艺术气息。

## 中式餐厅的家具选择

　　在中式餐厅里，明清式家具无疑是首选。明式家具线条简单、清式家具雕工复杂，消费者在选择时应依据自己的喜好，在设计师的帮助下使其与现代装修相互协调。中式古家具的木质纹路、雕刻花纹和颜色具有独特之处，如果要显示出这方面的优势，就要注意灯光、地面和墙壁对其的烘托作用。灯光柔和可凸显出木材的天然质感，浅色的墙壁更能够烘托出中式古家具的典雅韵味。

# 配饰设计

## 铁艺最能体现质朴感,但贵在精不在多

在追求华贵的三口之家餐厅里可以选用一些铁艺,如果使用做旧的手法则更能体现质朴感。在装饰上,精致的铁艺吊灯、乡村风格的油画等都是不错的选择,但要注意宜精不宜多,避免过度堆砌。

## 银器餐具最能体现主人品位

在三口之家的餐厅里,最能突出主人家生活品质的一定是富有贵族气质的银餐具。银器的质感自有一种清高,最适合那些优雅、有品位的人们。银器的制作历史很长,由于它的珍贵,一度专为上流社会所用,由此也成了一种生活品质的象征。许多人喜欢将宝石、象牙、珍贵木材、珐琅、水晶等与银器搭配,创造出美轮美奂的效果。

## 花草是不可或缺的餐厅点缀

花草以布艺、雕刻、绿植、手绘等各种形态存在于餐厅中,增添了勃勃的生机。娇艳的插花摆在餐桌上,伴着佳肴熠熠生辉。在陶瓷、玻璃甚至铁制品的插花容器上,颇具风格的图案和细节造型会透露出主人对生活的热爱与讲究。

**A**BOUT
主卧室

**业主如是说：**希望自己的卧室浪漫、现代一点儿，同时还想让主卧的空间显得大一些。

**设计师如是说：**采用真皮软包装饰床头，搭配造型现代的灯具和床品，让整个风格跟上时代潮流。同时，别出心裁地使用钢化玻璃代替传统隔墙，减少了占地空间，通透的隔断不仅增大了空间，还让夫妻的二人世界充满了情趣。

# B<sub>edroom</sub> 主卧室

　　大户型的布局一般是两间卧室，一间是书房（或儿童房、活动室等），另一间是日常休息的主卧室，有的房型中还自带工作间（保姆房）和储藏间。在设计三口之家时应考虑到居住人口的构成，如人口多可将一室设计为卧室，另一间设计为客厅兼书房或工作室。睡眠区是卧室中最主要的部分，若卧室较为宽敞，可把床居中布置，两边各配一床头柜，床的摆放一般是南北向，床头靠墙，三面留出一定的活动空间。一般情况下，主卧室的面积在 $15\sim25m^2$，除去必需的床、床头柜，还可搭配大衣柜、电视柜、休闲坐椅等家具。如有阳台或飘窗，还可设置一些茶艺、棋艺类的家具。

## 色彩搭配

　　一般来说，许多大户型的居室色彩都过于浓烈，容易产生视觉疲劳，影响人的休息，不太适合卧室空间。所以，三口之家的卧室有一般选择调和性的色彩更适宜，常用的色彩有灰色、米色等，它们作为卧室的背景色调，能够很好地中和华丽怀旧风情固有的沉重感。

### 卧室颜色的选择

　　对于中式传统卧室，舒适典雅是永恒的主题，家具的色彩自然也要符合这一主题。如果想使卧室充满暖意，就不妨购买一些红色家具或饰品，它们能起到烘托居室气氛的作用。

# 家具布置

大卧室向来适合雍容华贵的风格，但是大并不一定会让人睡得舒服，休息的空间应该给人安全感。任何人都不会在60平方米的大房间里只放一张床，所以大卧室要达到理想的舒适感，需要使用多种改造方法来实现。大空间卧室相对来说布置和装饰一般较豪华，床多有独立的床幔，使休息区能更好地和其他区域分开，但它并不是硬性分隔，床幔在平时打开，使睡眠区域在平时又和其他区域融为一体。

大卧室的功能分区要体现人性化。如果可能的话，男女衣帽间各配一个更为人性化。衣帽间一般不要占用通道，尽可能设计在边角位置，回避通风流畅的地方，因为空气太流通，衣物容易氧化；而梅雨季节衣物还容易发霉。

# 配饰设计

装饰华美的卧室常给人奢华、尊贵的感觉，在配饰方面，不妨多花点心思。布艺、植物、饰品的融入会给卧室带来丰富的表情，可以增添卧室的舒适感。

## 卧室布艺的选择

具有怀旧、奢华风格的床品在时下非常流行，它们面料讲究、手工细腻自然、图案雍容华贵，将欧美风的高贵浪漫表现得淋漓尽致。在卧室中布置这样的床品可以让空间的效果上升一个层次。同时它还能很好地与装修风格协调起来，打造一个完美的怀旧空间。丝绸一直与古典华丽联系在一起，大量运用丝绸或者近似的面料，可为卧室增添古典质感。丝绸的睡衣、抱枕，也是复古卧室的必备元素。与丝绸一样，裘皮演绎的古典与高贵是毋庸置疑的。与丝绸不同的是，裘皮更宜作为局部点缀，不宜大面积使用，如小面积的床毯、地毯或者枕头，就能起到画龙点睛的作用。

## 地毯和壁挂更容易打造华贵的卧室

西式古典的卧室强调线形的变化，色彩的华丽。它在形式上以浪漫主义为基础，装饰上以多彩的织物、精美的地毯，精致的壁挂为主，整个风格豪华、富丽，充满强烈的感官效果。

**业主如是说：** 孩子是一家的重心，怎样让她的房间呈现出梦幻的童话色彩，是业主首要的考虑目标。

**设计师如是说：** 将浅色定位为房间的主色调，碎花的浅色壁纸，淡粉色的窗帘，纯洁的白色简欧大床，闪着金色光芒的水晶吊灯，所有的色彩都营造出一个清新明快的童话世界。床旁边摆放一个白色书桌，满足孩子的学习需要。

# Children's Room
# C儿童房

从单身贵族到二人世界，再到三口之家，孩子逐渐成为家庭中的重心，他们的健康成长受到家长的莫大关注，所以孩子们的房间装饰是所有家长最为操心的。装饰材料是否环保？家具是否安全可靠？活动空间是否有利孩子的成长？这些问题常常摆在三口之家装修的首要位置。

## 色彩搭配

儿童居室的色彩应丰富多彩，简洁明快，具有童话式的意境，让儿童可以在自己的小天地里自由地学习生活。鲜艳明快的色彩，不仅可以使儿童保持活泼积极的心理状态和愉悦的心境，而且还能改善室内亮度，处在其中，孩子能产生安全感和归属感。

### 儿童房最好采用明亮色调

儿童房的家具色调，最好以明亮、轻松、愉悦为主，色泽上不妨多采用点对比色。家具的色调可根据小孩子喜欢的颜色来选定：黄色优雅、稚嫩；粉色可爱、素净；绿色健康、活泼；蓝色安宁、平静；分白相配温馨恬静；绿白相配清新明快。

### 儿童家具色彩的选择

在儿童房中，家具占据主要地位，它的色彩对儿童性格有一定的影响。有人试验证明，对于性格过于活泼的儿童，采用线条柔和、色调淡雅的家具，有助于塑造健康的心态；而对性格软弱，过于内向的孩子，则宜选用造型略显粗犷、棱角分明、色彩对比强烈的家具。

# 家具布置

由于小朋友正处于活泼好动、好奇心强的阶段，容易发生意外，家具要尽量避免棱角的出现、宜采用圆弧收边等。应注意检查家具做工是否精细，边缘等不应有割手的感觉。此外，还要认真查看产品的使用说明，看内容是否详细，设计是否合理。总体说来，设计除了注重第一感观外还要有内在的实用性。

## 儿童家具材料的选择

儿童家具材料应采用耐用、承受破坏力强、使用率高、无毒的家具。最好购买品牌产品，而且要在品牌家居卖场内购买。凡是成为品牌的企业，产品质量必定是其首先考虑的一点。就算是出了点问题，追索起来也比较容易。购买板式家具时，可打开抽屉等检查是否有令人感到不适的气味；需要到家安装的，应与销售方签订合同并明确：若有严重气味则负责更换。

## 儿童家具造型的选择

家长在为孩子选择家具的时候，要充分考虑到功能与孩子的年龄和体型相匹配。比如写字台的椅子最好能调节高度，因为孩子若长期使用高矮不合适的桌椅，会造成驼背、近视、脊柱侧弯等多种疾病，影响儿童的正常发育；不能调节的要注意家具的尺寸应与人的身高相配合。给孩子选择的组合柜最好下部设计成玩具柜、书柜、书桌，上部设计为储藏空间。床可以选择储藏箱式的，以节省空间，也可以选择上下床。

## 选择儿童家具要考虑适合成长的原则

孩子每天都在成长，传统的儿童家具就像童装一样需要不停地更新换代。因此，考虑到家具的长久性，最好选择可以调整高度、长度的儿童家具，这样可以大大延长家具的寿命。同时，尽量利用多功能的组合家具，以充分适应儿童的成长变化。

# 配饰设计

儿童房要怎样摆放装饰画？儿童房的家具大多小巧可爱，如果画太大，就会破坏童真的趣味。让孩子自己选择几幅可爱的小画，再由他们顽皮随意地摆放，这样会比井井有条来得更有趣！或者干脆空出一面墙作为涂鸦墙，让孩子充分发挥自己的想象力，创造属于自己的涂鸦世界。

**书房**

业主如是说：书房面积不大，希望装饰尽量简洁，但一定要体现出主人的品位。

设计师如是说：暗纹壁纸、实木复合地板、简约造型吊顶，所有的硬装都走极简风格路线，抛弃所有繁复的细节，让书房不显臃肿。大胆选取最潮流的极简造型书桌椅，墙角放置一盆绿植，墙面点缀一幅装饰画，使狭小的空间显得非常清爽干净。

# S书房
tudy

书房作为家居中学习和工作的场所，在家庭装修中必不可少。书房最能展现主人的品位，合理地布局，会让整个房间充满书香气息。别致的书柜，多功能的书桌，一丝墨香，一份情怀，或龙威虎震，或淡泊宁静，都让人留连忘返。

## 色彩搭配

书房过去一直是一个墨香飘飘的静谧之地，生活方式多样化的今天，书房的模样也呈现出了多样化，不过书房的设计还是以其使用功能——工作、阅读、学习等为主。静谧、雅致书房能使人在紧张、快节奏的现代生活中体会到宁静。棕色和咖啡色是华丽书房的标准色调，金色由于过于张扬已逐渐退出了书房。除了棕色和咖啡色，古铜色也受到越来越多人的偏爱。在书房家具的选择上，最好选用与空间相近的色调或深木色的家具。

## 家具布置

在面积较大的户型里，书房大多数是一个独立的空间。独立书房的布置可以更为随心所欲，不妨参考以下原则，以打造出一个舒适的空间，让人在其中能感到安逸和放松。

## 稳定与轻巧

四平八稳的书房家具布置给人内敛、理性的感觉，轻巧灵活的布置则让人感觉流畅、感性。把稳定用在整体，把轻巧用在局部，能造就完美的阅读工作空间。值得注意的是，一定要拿捏好稳定与轻巧的关系，从家具的造型、色彩上都要注意轻重结合，这样才能对书房空间有个合理的布局。

## 对比与协调

在书房布置中，对比无处不在，无论是风格上的现代与传统、材质上的粗糙与柔软，还是光线的明与暗、色彩上的冷与暖。没有人会否认，对比增添了空间的趣味。但是过于强烈的对比会让人一直神经紧绷，协调无疑是缓冲对比的一种有效手段。在家具布置上也应该遵循这一原则。

## 对称与均衡

在中国古典建筑中，对称与均衡一直存在着。在书房家具布置上，对称与均衡也无处不在。例如，在长方形的书桌两边放置造型相似、颜色不同的坐椅，这即是一种变化中的对称，在形式和色彩上达成了视觉均衡，产生了一种有变化的对称美。

# 配饰设计

在三口之家的装修中，书房是一个体现人的学识和品位的地方。装修以简洁为主，当然，为了不使书房看起来太单调，可以在墙壁上用一些挂画来装饰。书房内靠门口的一侧是可利用的角落空间，设置一个书架或是装饰柜，既可以安放多而杂乱的书籍和资料，又可以给收藏或装饰品找到一个"安居之处"。

## 书房绿植选择

大的书房可设置博古架，书籍、小摆设和盆栽君子兰、山水盆景放置其上，能营造出

既艺术又文雅的读书环境。小书房可简单地摆上一盆欣欣向荣的虎尾兰，或一盆生命力强、造型奇特的三角梅，它们能使伏案者消除疲劳，激发创作热情和奇思妙想。书房还可以摆些插花，插花的色彩不宜太浓，以简洁的东方式插花为宜。

电脑桌旁可以放一些仙人掌科植物，它可以隔离电磁波辐射，除了电脑屏幕保护器、防辐射服外，一盆小小的仙人掌也能够减少电磁辐射可能带来的伤害。

**业主如是说：**厨房是做家务的地方，不想有过于复杂的装饰，但要显得时尚、明亮、优雅。

**设计师如是说：**由于这间厨房没有窗户，只能靠灯光照明，所以在选择整体吊顶、整体橱柜和装饰面材时，要特别注重选择反射性较强的材质来提亮空间。同时，接近黑色的烤漆玻璃橱柜面板与白色高反射通体砖形成色彩上的深浅对比，丰富了厨房的色彩层次，更具时尚美感。

# Kitchen
# K厨房

三口之家的厨房一定要井井有条，就是"每件东西都有安放之处，且都放在适当的位置。"把各种炊具、器皿收纳在橱柜里，可以使灶台以外的空间显得整洁。

## 色彩搭配

厨房早已不是那个烟熏火燎的地方，现代厨房不应该缺少时尚和美感，对于喜欢华丽居室的人来说，更不应该缺少奢华与豪放。金属色是华丽厨房的代表色系，冷酷的金属色除了能够降低厨房的视觉温度，更能将厨房的杂乱一扫而空，同时也会成为空间中最亮的视觉元素。

### 欧式厨房的色彩搭配

欧式风格的厨房主要遵循的是造型的完美、曲线的柔和和色彩的艳丽。这就要求与之相匹配的橱柜在色彩上比较亮丽，在设计上摆脱墙体给人带来的无形的压迫感，让想象的空间得以无限蔓延。红色的

厨房色彩热烈大胆，充满生机，而黄色则给人光明及丰收感，象

征高贵；蓝色和绿色最有层次感，使人联想到纯洁、安宁、和平。以上颜色都非常适合装点欧式厨房。

## 中式厨房的色彩搭配

中式厨房可以选择一些原木色，这样更加典雅高贵，能体现出主人的气质。采用实木门板和瓷砖台面，质感非常好，很有怀旧的感觉，充满了中国古典韵味，让厨房显得非常整洁。

# 家具布置

与中小户型的厨房相比，三口之家的厨房需要更大的空间，同时也留出了更多设计和发挥的余地。岛式或者半岛式布置已经成为厨房的主角。这种设计可以清晰地表现出厨房的尊贵风格，精细的雕饰、时尚的外表都可以一目了然。在岛的上方还可以设计铝制吊架、实木系列吊架、玻璃吧台等，它们既可以充分利用空间，使用起来又极为便利。

## 橱柜风格选择——现代风格

现代风格厨房的主要特征是多使用以不锈钢、玻璃或高度抛光平面为主的厨房设备。厨房里看不见太多矫揉造作的柜门。之所以多数橱柜采用平直式表面，主要有两方面的原因。首先，设计时偏重美观。橱柜往往要占据厨房的大部分空间，因而橱柜的外观为整个厨房装修定下了基调。简洁的橱柜与简洁的外观相配，才能令人赏心悦目。其次，平整的橱柜易于清洁。

## 橱柜风格选择——古典风格

古典橱柜最大的特点就是精心雕琢的细节设计，柜体边缘、转角都完美地继承了欧式传统风情的经典符号。作为厨房中的家具，整体橱柜更加遵循形式服务于功能的定律。为避免繁复的造型成了细菌滋生的温床，整体橱柜多采用了对样式简而又简的手法。现代材料和加工技术为整体橱柜架构出了一种类似古典

的神韵，具有明显的被现代需求同化了的特征。

## 橱柜风格选择——新华丽风格

近年来，一种别样的华丽风开始刮向整体厨房。在新华丽主义整体厨房中最重要的元素是质朴的颜色、柔美的线条以及生活情调。这种风格的整体厨房设计朴素、自然，注重工艺细节，甚至还隐藏着一些"土气"。但这种设计恰好适合了那些因生活快节奏而紧张的都市人，尤其在厨房这个为家人烹调美食、享受天伦之乐的小天地里，更需要能流露出自然清新气息的气息，使人感到轻松愉快。

# 配饰设计

## 厨餐具的选择

说到厨房里的厨具与餐具，三口之家的厨餐用品一般都以功能实用、风格简洁为主。每天都要用到的厨具看起来是些不起眼的"小玩意"，但是如果需要设计精美的晚宴，那么一件名贵精致的餐具可是调节气氛的最佳"法宝"。

## 厨房绿植的选择

厨房大多位于窗户较少的朝北的房间，温度和湿度的变化较大，用些盆栽装饰可消除寒冷感。可选择一些适应性较强的小型花，如三色堇等；还可以选择小红辣椒、葱、蒜等实用植物；也可以选择一些

小型盆栽，如吊挂盆栽，其中吊挂鸭跖草较佳，吊兰次之。在厨房中不宜选用花粉太多的花，以免开花时花粉散入食物中。

# Bathroom
# B卫浴

大户型有足够的空间，使得父母和孩子分别使用独立的浴室柜成为可能，选择浴室柜时可以选择符合各自要求的产品。不过要注意的是，如果孩子使用的家具和父母的家具共处于一个大的空间之内，那么风格最好和谐一致，同时又要保留各自的特点。有条件的话，可以考虑为孩子分隔出另外一个洗浴空间。由于主卫一般与主卧相连，私密性较强，所以可根据主人的喜好随意装饰，不必刻意要求与其他房间统一，比如可以尝试将墙体做成透明或半透明的效果。如果你喜欢享受沐浴的乐趣，那么就在卫浴装上音响，或者做一个简单的吧台，总之一切随喜好而定，不过前提条件还是干湿分离，合理分区。

## 色彩搭配

三口之家在选择卫浴间色彩搭配时没有必要通过卫浴产品来改变房间本来的面貌，选择让自己舒适的颜色搭配，让卫浴除了发挥最原始的功能——清洁之外，也能成为放松的场所。

### 白色在卫浴中的应用

白色是大自然中至高无上的纯色，她的高贵气质仿佛是与生俱来的，无需修饰。纯白的卫浴空间在灯光的掩映折射下，会显得绚丽而华贵。

### 红色在卫浴中的应用

中国红对于华丽卫浴来说再适合不过。大量运用浓烈而醒目的中国红，能在绝对私密的空间中展现新贵的真我性情。中国红与黑或灰的碰撞，能激发出整个空间的活力、彰显身份。

## 中性色调在卫浴中的应用

中性色调的仿古砖表面材质粗糙，颜色取自大地的色彩，每一片的纹路都不一样，表现出了典雅和多变的自然机理。"格子"式的铺贴，令尊贵、优雅的气息无处不在。

# 家具布置

对于三口之家来说，卫浴一般比较大，面积一般在10平方米以上。有了这么大的卫浴间，就应该加强空间的功能和舒适度。这时候，卫浴就不是单纯意义上的沐浴、方便的场所了。

## 卫浴的收纳

在较大的卫浴空间里可以做干湿分离，使得

浴室家具有充裕的立足之处。消费者可以根据自己的功能要求和审美需求放置不同形式的浴室柜，各种洗浴用品、清洁用品以及衣物等都可以分门别类地放置。另外，还可以根据家庭成员来设置收纳空间，使每个人都有独立的储物之处，方便存放和使用物品。同时，不妨把化妆、衣物收纳的功能也搬入卫浴，满足更多需要。

## 大卫浴可以增加多种功能

空间够大的话，可以将浴室、更衣室、休息室一起装进卫浴空间，不同的功能区之间用屏风、高大的植物等来分隔。当然，选择一个豪华的按摩浴缸，让卫浴变成一个小型的温泉也是不错的选择。在卫浴里增添一个搁架或壁柜，摆张自己喜欢的梳妆台，加上一面造型别致的镜子或造一面镜墙，再加上柔和的灯光，一个独特不失私密的梳妆室就呈现在眼前了。

# 配饰设计

在卫浴里，如果你喜欢金属的质感，那么光亮、精致的五金配件是首选；如果你喜欢玻璃的晶莹剔透，不妨选择一套水晶玻璃或仿树脂的浴室配件与玻璃的面盆来搭配；如果你紧追流行时尚，富有多变色彩的塑料制品会吸引你的目光；当然最为传统、最具现代感的还是陶瓷产品，它们在材质上更容易与浴室中的其他用品相协调，而且出众的外观设计还会给人耳目一新的感觉。

## 卫浴墙面配饰

在空间充裕的卫浴中，墙面的装饰当然不能忽视。古典的、雅致的、现代的……当油画般的图案被糅合进墙面表面，丰富的配色加以凹凸的质感将会从墙面带出如油画创作中颜料叠层铺溢的立体效果。另外，在细节的处理上，洁具也吸取了不同时期艺术风格的元素——洛可可式的雕花，哥特式的壁沿……将会把艺术直接融进生活，卫浴空间终将变成充满艺术感的"私人画廊"。

## 卫浴绿植选择

卫浴多数面积不大、潮气重，光照条件不太理想。因此，一定要慎选植物。应选择对光照要求不太严、耐湿的猪笼草、冷水花、小羊齿类等植物。面积较大的卫浴，可配合浴缸的材质，选择一高一矮、粗细搭配的花盆，让浴室中的凉爽意韵更加突出。植株的枝干高挑、枝叶葱茏，带有一些东南亚的热带色彩，与藤木质地的花盆搭配在一起，会营造出浑然天成的效果。

家居装修材料的应用一定要与空间的整体规划相一致，不能用多力克柱去装修出中式家居的平静幽远，也无法用传统万字纹去营造欧式风情浪漫的效果。

# 材料选购

从某种意义上讲，选用何种材料本身就已经决定了家居装修的档次与效果。一般来讲，能够表现出三口之家温馨甜蜜效果的装修材料除了乳胶漆、石膏板、五金及灯具这些最基础的装修材料外，适当的选择档次高一些的家装建材不仅对孩子的身心健康有好处，而且整体的装饰效果也会更上一层楼。

# Ceramic Tiles
# C瓷砖

## 玻化砖

玻化砖又称为全瓷砖，它与抛光砖类似，不过，比抛光砖更好的是，它解决了抛光砖易脏的问题。玻化砖是由优质高岭土强化高温烧制而成的，表面光洁又不需要抛光，因此不存在抛光气孔的问题。它吸水率小、抗折强度高，质地比抛光砖更硬、更耐磨。

### 玻化砖的选购

在购买玻化砖时，可以通过"看、掂、听、量、试"几个简单的方法来加以选择。

### 看

主要是看玻化砖的表面是否光泽亮丽，有无划痕、色斑、漏抛、漏磨、缺边、缺脚等缺陷。查看底胚商标标记，正规厂家生产的产品底胚上都有清晰的产品商标标记，如果没有的或者特别模糊的，建议慎选。

### 掂

就是试手感，同一规格产品，质量好、密度高的砖手感都比较沉；反之，质次的产品手感较轻。

### 听

敲击瓷砖，声音浑厚且回音绵长如敲击铜钟之声，则瓷化程度高，耐磨性强，抗折强度高，吸水率低，不易受污染；若声音暗哑，则瓷化程度低（甚至存在裂纹），耐磨性差、抗折强度低，吸水率高，机易受污染。

### 量

抛光砖边长偏差应≤1毫米，对角线偏差为 500×500产品≤1.5毫米，600×600产品≤2毫米，800×800产品≤2.2毫米，若超出这个标准，则对装饰效果会产生较大的影响。量对角线的尺寸最好的方法是用一条很细的线拉直沿对角线测量，看是否有偏差。

## 试

在同一型号且同一色号范围内随机抽样不同包装箱中的产品若干在地上试铺，站在3米之外仔细观察，检查产品色差是否明显，砖与砖之间缝隙是否平直，倒角是否均匀；试脚感，看滑不滑，注意试砖是否防滑不需要加水，因为越加水会越涩脚。

# 陶瓷锦砖

陶瓷锦砖又称为马赛克，马赛克源自古罗马和古希腊的镶嵌艺术。那时，古罗马人用不同颜色的小石子、贝类或玻璃片等彩色嵌片拼合组成了缤纷多彩的图案。到了拜占庭时期，被古罗马人高度图形化的马赛克艺术空前盛行，因嵌片的表面质感有强烈的装饰韵致，所以当时的基督教堂大都用彩色玻璃马赛克作装饰。

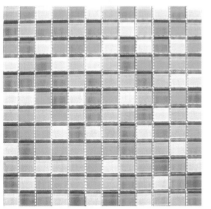

如今的马赛克经过现代工艺的打造，在色彩、质地、规格上都呈现出多元化的发展趋势。马赛克一般由数十块小砖拼贴而成，有方形、矩形、六角形、斜条形等，具有防滑、耐磨、不吸水、耐酸碱、抗腐蚀、色彩丰富等特点。马赛克分为陶瓷、大理石、玻璃、金属等几大类，其中，玻璃马赛克又分为熔融玻璃马赛克、烧结玻璃马赛克和金属马赛克。当今应用广泛的有玻璃马赛克和金属马赛克，由于价格原因，所以最为流行的当属玻璃马赛克。

# Floor 地板

## 实木复合地板

实木复合地板分为三层实木复合地板和多层实木复合地板，家庭装修中常用的是三层实木复合地板。三层实木复合地板是由三层实木单板交错层压而成的，其表层为优质阔叶材板条镶拼板，树种多用柞木、榉木、桦木、水曲柳等；芯层由普通软质木板条组成，树种多用松木、杨木等；底层为旋切单板，树种多用杨木、桦木、松木等。

### 实木复合地板的选购

在选购实木复合地板时，应注意以下几点。

（1）要注意实木复合地板各层的板材都应为实木，而不像强化复合地板以中密度板为基材，两者无论在质感上，还是价格上都有很大区别。

（2）实木复合地板的木材表面不应有夹皮树脂囊、腐朽、死结、节孔、冲孔、裂缝和拼缝不严等缺陷；油漆应丰满，无针粒状气泡等漆膜缺陷；无压痕、刀痕等装饰单板加工缺陷。木材纹理和色泽应和谐、均匀，表面不应有明显的污斑和破损，周边的榫口或榫槽等应完整。

（3）并不是板面越厚，质量越好。三层实木复合地板的面板厚度以2～4毫米为宜，多层实木复合地板的面板厚度以0.3～2.0毫米为宜。

（4）并不是名贵的树种性能才好。目前市场上销售的实木复合地板树种有几十种，不同树种价格、性能、材质都有差异，应根据自己的居室环境、装饰风格、个人喜好和经济实力等情况进行购买。

（5）实木复合地板的价格高低主要是根据表层地板条的树种、花纹和色差来区分的。表层的树种材质越好，花纹越整齐，色差越小，价格越贵；反之，树种材质越差，色差越大，表面节疤越多，价格就越低。

（6）购买时最好挑几块试拼一下，观察地板是否有高低差，较好的实木复合地板其规格尺寸的长、宽、厚应一致，试拼后，其榫、槽接合严密，手感平整，反之则会影响使用。同时也要注意看它的直角度、拼装离缝度等。

（7）在购买时还应注意实木复合地板的含水率，因为含水率是地板变形的主要原因。

（8）由于实木复合地板需用胶来黏合，所以甲醛的含量也不应忽视，在购买时要注意挑选有环保标志的优质地板。

# 实木地板

实木地板（又称原木地板）是采用天然木材，经加工处理后制成的条板或块状的地面铺设材料。 实木地板保持了原料自然的花纹，脚感舒适、使用安全，具有良好的保温、隔热、吸音、绝缘性能。缺点是对干燥度要求较高，不宜在湿度变化较大的地方使用，否则易发生胀缩变形。实木地板的一般宽度在 90～120毫米，长度在 450～900毫米，厚度在12～25毫米。优质实木地板价格较高，其含水率应控制在10%～15%之间。

## 在选购实木地板的注意事项

（1）挑选板面、漆面质量，选购时关键看漆膜光洁度，有无气泡，有无漏漆以及耐磨度等。

（2）检查基材的缺陷，看地板是否有死节、活节、开裂、腐朽、菌变等缺陷。由于木地板是天然木制品，客观上存在色差和花纹不均匀的现象。如若过分追求地板无色差是不合理的，只要在铺装时稍加调整即可。

  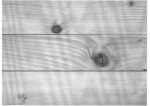

（3）识别木地板材种，有的厂家为促进销售，将木材冠以各式各样的美名，如樱桃木、花梨木、金不换、玉檀香等名称；还有的以低档木材充高档木材，消费者一定不要为名称所惑，要弄清材质，以免上当。

（4）观测木地板的精度，一般木地板开箱后可取出10块左右徒手拼装，观察企口咬合、拼装间隙、相邻板间高度差，若严格合缝，手感无明显高度差即是优品品。

（5）确定合适的长度、宽度。实木地板并非越长越宽越好，建议选择中短长度地板，不易变形；长度、宽度过大的木地板相对容易变形。

（6）测量地板的含水率，国家标准规定木地板的含水率为8%～13%，我国不同地区含水率要求均不同。一般木地板的经销商应有含水率测定仪，如没有则说明对含水率这项指标不重视。购买时先测展厅中选定的木地板的含水率，然后再测未开包装的同材种、同规格的木地板含水率，如果相差在2%以内，可认为合格。

（7）确定地板的强度，一般来讲，木材密度越高，强度也越大，质量越好，价格当然也越高。但不是家庭中所有空间都需要高强度的地板，如客厅、餐厅等人流活动大的空间可选择强度高的品种；而卧室则可选择强度相对低些的品种。

（8）注意销售服务，最好去品牌信誉好、美誉度高的企业购买，除了质量有保证之外，正规企业都对产品有一定的保修期，凡在保修期内发生的翘曲、变形、干裂等问题，厂家负责修换，可免去消费者的后顾之忧。

（9）在购买时应多买出一些作为备用，一般20平方米的房间材料损耗在1平方米左右，所以在购买实木地板时，不能按实际面积购买，以防止日后地板的搭配出现色差等问题。

# W allpaper 壁纸

## 纺织壁纸

　　纺织壁纸又称纺织纤维墙布或无纺贴墙布，其原材料主要是丝、棉、麻等纤维，这些原料织成的壁纸（壁布）具有色泽高雅、质地柔和、手感舒适、弹性好的特性。纺织壁纸是较高档的壁纸品种，质感好、透气，用它装饰居室，给人高雅、柔和、舒适的感觉。作为壁纸的另一种表现形式，它的质感丰厚，在视觉效果上带给人软性、温和的情绪，整体感觉大方、华丽，特别适合家居室内装饰和各种高要求场合的装饰，如儿童房、餐厅等空间。

## 玻纤壁纸

　　玻纤壁纸也称玻璃纤维墙布。它是以玻璃纤维布作为基材，表面涂树脂、印花而成的新型墙壁装饰材料。它的基材是用中碱玻璃纤维织成，以聚丙烯酸甲酯等作为原料进行染色及挺括处理，形成彩色坯布，再以乙酸乙酯等搭配适量色浆印花，经切边、卷筒而成为成品。玻纤墙布花样繁多，色彩鲜艳，在室内使用不褪色、不老化，防火、防潮性能良好，可以刷洗，施工也比较简便。

# F urniture

# 家具

## 板式家具

板式家具是指由人造板材加五金件连接而成的家具。这种家具拆装方便、节省木材、色彩多样，是家具业大力发展的品种。

挑选时应着重注意观察以下四个方面。

### 看五金连接件

金属件要求灵巧、光滑、表面电镀处理好，不能有锈迹、毛刺等，配合件的精度要高。塑料件要造型美观，色彩鲜艳，使用中的着力部位要有力度和弹性，不能过于单薄。开启式的连接件要求转动灵活，这样家具在开启使用中就会平稳、轻松、无摩擦声。

### 看封边贴面

封边质量在很大程度上会影响家具的质量。首先是封边材料的优劣，其次要注意封边是否有不平、翘起现象。良好的封边应和整块板材严丝合缝。贴面材料对家具档次影响很大。要触摸表面漆膜，一般高档板式家具为实木贴面，中档是纸贴面，一次成型及表面为胶贴面的价格更低一些。其

中，纸贴面又因处理工艺不同而在档次上有差别。

### 看板材质量

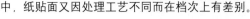

仔细查看板材的边、面的装饰部件上涂胶是否均匀，粘结是否牢固、修边是否平整光滑，零部件旁板、门板、抽屉面板等下口处等可视部位端面是否经过了封边处理，装饰精良的板材边廓上应摸不出黏结的痕迹。拼装组合主要看钻孔处企口是否精致、整齐，连接件安装后是否牢固，平面与端面连接后

T形缝有没有间隙，用手推动有没有松动现象。

## 看尺寸大小

　　家具市场目前主要以成套卧房家具和办公家具为主，另外还有多功能的影视电器柜等产品。家具的主要尺寸国家标准均有规定要求。在选购家具时，需要了解这些主要尺寸，因为家具如果小于规定尺寸，使用时会带来诸多不便。如大衣柜空间深度过小会影响挂衣服，造成门关闭不上等现象。

# 欧式家具

　　近几年来，欧式装修风格成为越来越多追求品味生活人士的选择，即便不能整体装欧式，一些家庭也喜欢选购两款带有异域风情的家具摆在家中。欧式家具是欧式古典风格装修的重要元素，以意大利、法国和西班牙风格的家具为主要代表。其延续了17～19世纪皇室贵

族家具的特点，讲究手工精细的裁切雕刻，轮廓和转折部分由对称而富有节奏感的曲线或曲面构成，并装饰了镀金铜饰，结构简练，线条流畅，色彩富丽，艺术感强，给人华贵优雅，十分庄重的感觉。

　　从营造氛围的角度来讲，欧式家具要么追求庄严宏大，强调理性的和谐宁静，要么追求浪漫主义的装饰性，追求非理性的无穷幻想，富有戏剧性和激情。不管在过去还是现在，欧式家具都是高贵生活的象征。

## 吊灯

　　用于家庭装修的吊灯分为单头和多头两种，按外形结构可分为枝形、花形、圆形、方形、宫灯式、悬垂式等；按构件材质，有金属构件和塑料构件之分；按灯泡性质，可分为白炽灯、荧光灯、小功率蜡烛灯；按大小体积，可分为大型、中型、小型。

　　单头吊灯多用于卧室、餐厅，灯罩口朝下，就餐时灯光直接照射于餐桌上，给用餐者带来清晰明亮的视野；多头吊灯适宜装在客厅或大空间的房间里。

　　使用吊灯应注意其上部空间也要有一定的亮度，以

缩小上下空间的亮度差别；否则，会使房间显得阴暗。吊灯的大小及灯头数的多少都与房间的大小有关。吊灯离天花板500～1000毫米，光源中心距离开花板以 750毫米为宜，也可根据具体需要或高或低，如层高低于2.6米的居室不宜采用华丽的多头吊灯，不然会给人沉重、压抑之感，仿佛空间变得拥挤不堪。

# 射灯

射灯是近几年发展起来的新品种，其光线方向性强、光色好、色温一般在2950K。射灯能创造独特的环境气氛，深得人们，尤其是年轻人的青睐，已成为装饰材料中的"新潮一族"。

射灯既能做主体照明，又能做辅助光源，它的光线极具可塑性，可安置在天花四周或家具上部，也可置于墙内、踢脚线里，直接将光线照射在需要强调的物体上，会起到突出重点、丰富层次的效果。而射灯本身的造型也大多简洁、新潮、现代感强。一般配有各种不同的灯架，可进行高低、左右调节，可独立、可组合，灯头可做不同角度的旋转，可根据工作面的不同位置

任意调节，小巧玲珑，使用方便。射灯的亮度非常高，显色性优，控制配光非常容易。射灯对物品材质感的表现力非常强，因此多用于展示和烘托照明气氛。

# 壁灯

　　壁灯是室内装饰灯具，一般多配用乳白色的玻璃灯罩。灯泡功率多在15～40瓦，光线淡雅和谐，可把环境点缀得优雅、富丽，尤以新婚居室特别适合。壁灯的种类和样式较多，常见的有吸顶式灯、变色壁灯、床头壁灯、镜前壁灯等。现代壁灯设计中，由于壁灯特有的形态以及功能，使得其造型夸张、花样繁多、美感十足。

# G<sub>lass</sub> 玻璃

## 压花玻璃

压花玻璃又称花纹玻璃或滚花玻璃，是采用压延方法制造的一种平板玻璃。

压花玻璃的品种有一般压花玻璃、真空镀膜压花玻璃、彩色压花玻璃等。压花玻璃的物理化学性能基本与普通透明平板玻璃相同，在光学上具有透光不透明的特点；可使光线柔和，其表面有各种图案花纹且凹凸不平，当光线通过时会产生漫反射，因此从玻璃的一面看另一面时，物象模糊不清。压花玻璃由于其表面有各种花纹，所以具有一定的艺术效果。多用于办公室、会议室、浴室以及公共场所分离室的门窗和隔断等处，使用时应将花纹朝向室内方向。

## 镜面玻璃

镜面玻璃即镜子，亦叫涂层玻璃或镀膜玻璃，它是以金、银、铜、铁、锡、钛、铬或锰等的有机或无机化合物为原料，采用喷射、溅射、真空沉积、气相沉积等方法，在玻璃表面形成氧化物涂层而制成的反射率极强的镜面反射玻璃制品。镜面玻璃的涂层色彩有多种，常用的有金色、银色、灰色、古铜色。这

种带涂层的玻璃，具有视线的单向穿透性，即视线只能从有镀层的一侧观向无镀层的一侧。同时，它还能扩大建筑物的室内空间和视野，反映建筑物周围四季景物的变化，使人有赏心悦目的感觉。为提高装饰效果，在镀镜之前可对原片玻璃进行彩绘、磨刻、喷砂、化学蚀刻等加工，形成具有各种花纹图案或精美字画的镜面玻璃。

　　常用的镜面玻璃有明镜、墨镜（也称黑镜）、彩绘镜和雕刻镜等多种。在装饰工程中常利用镜子的反射和折射来增加空间感和距离感，或者改变光照的效果。

# 热熔玻璃

　　热熔玻璃是采用特制的热熔炉，以平板玻璃为基料和以无机色料等作为主要原料，设定特定的加热程序和退火曲线，在加热到玻璃软化点以上时，料液经特制成型的模压制后加以退火而成的，必要的时候，可对其再进行雕刻、钻孔、修裁、切

割等后道工序精加工。

　　热熔玻璃具有图案丰富、立体感强的特点，它解决了普通平板玻璃立面单调呆板的问题，使玻璃面有了生动的线条造型，满足了人们对建筑、装饰等风格多样化的需求。热熔玻璃具有吸音效果，光彩夺目，格调高雅，其珍贵的艺术价值是其他玻璃产品无可比拟的。

# 精选案例

# ○案例1

**项目名称：**欧式风情

**建筑面积：**85平方米

**设 计 师：**陈建华

**房　　型：**二室二厅

**主　　材：**壁纸、珠帘、木雕花、车边金镜、木
地板、地砖、墙砖、整体橱柜等

**工程造价：**10.5万

平面布置图

设计说明 Explanation

## 欧式风情

　　优秀的家装方案是设计和创新的体现。欧式设计中曼妙的曲线在本案中被运用到极致，客厅天花板圆润的造型、过道典型的拱顶，尤其是在餐厅，竖琴形状的蔓草图案烘托出了整个家居空间柔美的气质。本案中家具的选择也恰到好处，无论是沙发、电视柜还是餐桌，都散发出欧式风情唯美的气息。

## 预算单

| 序号 | 项目 | 工程量 | 单位 | 单价 | 合价 | 备注 |
|---|---|---|---|---|---|---|
| **一、客厅** | | | | | | |
| 1 | 铲除墙皮 | 45.70 | m² | 2.00 | 91.40 | 墙皮铲除 |
| 2 | 墙面壁纸基层 | 45.70 | m² | 23.00 | 1051.10 | 墙皮铲除后，刷801界面剂。披刮腻子2~3遍 |
| 3 | 顶面漆（金牌立邦净味全效） | 24.69 | m² | 26.00 | 641.94 | 墙皮铲除后，刷801界面剂。披刮腻子2~3遍，乳胶漆面漆2遍 |
| 4 | 轻钢龙骨石膏板吊顶 | 23.11 | m² | 155.00 | 3582.05 | 轻钢龙骨框架、九厘石膏板贴面、按公司工艺施工（详见合同附件），批灰及乳胶漆、布线及灯具安装另计 |
| 5 | 吊顶珠帘 | 1.00 | 项 | 2100.00 | 2100.00 | 成品水晶珠帘 |
| 6 | 30m木质收口线 | 15.20 | m | 165.00 | 2508.00 | 细木工板基层，3mm澳松板饰面，喷白色混油 |
| 7 | 白色混油造型 | 1.00 | m² | 320.00 | 320.00 | 细木工板基层，3mm澳松板饰面，喷白色混油 |
| 8 | 100×100车边镜片 | 2.00 | m² | 155.00 | 310.00 | 100×100车边金镜 |
| 9 | 欧式雕刻花线 | 3.00 | m | 235.00 | 705.00 | 成品 |
| 10 | 欧式成品木雕花 | 1.00 | 项 | 800.00 | 800.00 | 成品 |
| 11 | 欧式木雕柱子 | 2.00 | 跟 | 2100.00 | 4200.00 | 成品 |
| 12 | 欧式石膏线 | 22.86 | m | 25.00 | 571.50 | 欧式石膏线 |

| 13 | 电视墙基层 | 4.00 | m² | 95.00 | 380.00 | 大芯板框架 |
|---|---|---|---|---|---|---|
| 14 | 皮雕造型 | 4.00 | m² | 560.00 | 2240.00 | 成品 |
| 15 | 窗帘盒 | 4.24 | m | 95.00 | 402.80 | 大芯板基层，石膏板饰面，刷乳胶漆 |
| 16 | 入户门+套 | 1.00 | 套 | 1650.00 | 1650.00 | 复合实木门 |
| 17 | 回字木质踢脚线 | 16.40 | m | 65.00 | 1066.00 | 成品 |
| 18 | 澳松板雕刻图案 | 1.20 | m² | 480.00 | 576.00 | 18mm澳松板雕刻图案，喷白色混油 |
| 19 | 顶固生态门套 | 12.88 | m | 135.00 | 1738.80 | 顶固生态门纯白色美学套线 |
| 20 | 客厅阳台集成吊顶 | 5.67 | m | 180.00 | 1020.60 | 轻钢龙骨骨架，铝扣板封顶 |
| | 小计 | | | | 25955.19 | |
| **二、餐厅** | | | | | | |
| 1 | 铲除墙皮 | 28.60 | m² | 2.00 | 57.20 | 墙皮铲除 |
| 2 | 墙面壁纸基层 | 28.60 | m² | 23.00 | 657.80 | 墙皮铲除后，刷801界面剂。披刮腻子2~3遍。 |
| 3 | 顶面漆（金牌立邦净味全效） | 8.89 | m² | 26.00 | 231.14 | 墙皮铲除后，刷801界面剂。披刮腻子2~3遍，乳胶漆面漆2遍 |
| 4 | 轻钢龙骨石膏板吊顶 | 5.97 | m² | 155.00 | 925.35 | 轻钢龙骨框架、九厘石膏板贴面、按公司工艺施工（详见合同附件），批灰及乳胶漆、布线及灯具安装另计 |
| 5 | 欧式石膏线 | 11.94 | m | 25.00 | 298.50 | 欧式石膏线 |
| 6 | 墙面造型基层 | 7.50 | m² | 95.00 | 712.50 | 大芯板框架 |
| 7 | 车边金镜 | 5.30 | m² | 155.00 | 821.50 | 100×100车边金镜 |
| 8 | 回字木质踢脚线 | 6.90 | m | 65.00 | 448.50 | 成品 |
| 9 | 顶固生态门套 | 14.96 | m | 135.00 | 2019.60 | 顶固生态门纯白色美学套线 |
| 10 | 酒柜 | 1.00 | 项 | 1200.00 | 1200.00 | 细木工板基层，3mm澳松板饰面，喷白色混油 |
| | 小计 | | | | 7372.09 | |
| **三、主卧室** | | | | | | |
| 1 | 铲除墙皮 | 34.50 | m² | 2.00 | 69.00 | 墙皮铲除 |
| 2 | 墙面壁纸基层 | 34.50 | m² | 23.00 | 793.50 | 墙皮铲除后，刷801界面剂。披刮腻子2~3遍， |
| 3 | 顶面漆（金牌立邦净味全效） | 11.50 | m² | 26.00 | 299.00 | 墙皮铲除后，刷801界面剂。披刮腻子2~3遍，乳胶漆面漆2遍 |
| 4 | 欧式石膏线 | 13.70 | m | 25.00 | 342.50 | 欧式石膏线 |

| | | | | | | |
|---|---|---|---|---|---|---|
| 5 | 衣橱柜体 | 4.65 | m² | 600.00 | 2790.00 | 1.大芯板基层澳松板饰面着白色混油<br>2.背板九厘板贴波音软片 |
| 6 | 门+套 | 1.00 | 套 | 1650.00 | 1650.00 | 复合实木门 |
| | 小计 | | | | 5944.00 | |

**四、次卧室**

| | | | | | | |
|---|---|---|---|---|---|---|
| 1 | 铲除墙皮 | 42.00 | m² | 2.00 | 84.00 | 墙皮铲除 |
| 2 | 墙面壁纸基层 | 42.00 | m² | 23.00 | 966.00 | 墙皮铲除后，刷801界面剂。披刮腻子2～3遍。 |
| 3 | 顶面漆（金牌立邦净味全效） | 16.40 | m² | 26.00 | 426.40 | 墙皮铲除后，刷801界面剂。披刮腻子2～3遍，乳胶漆面漆2遍 |
| 4 | 欧式石膏线 | 16.46 | m | 25.00 | 411.50 | 欧式石膏线 |
| 5 | 门+套 | 1.00 | 套 | 1650.00 | 1650.00 | 复合实木门 |
| | 小计 | | | | 3537.90 | |

**五、洗手间**

| | | | | | | |
|---|---|---|---|---|---|---|
| 1 | 集成吊顶 | 2.32 | m² | 180.00 | 417.60 | 轻钢龙骨骨架，铝扣板封顶 |
| 2 | 门+套 | 1.00 | 套 | 1650.00 | 1650.00 | 复合实木门 |
| | 小计 | | | | 2067.60 | |

**六、卫生间**

| | | | | | | |
|---|---|---|---|---|---|---|
| 1 | 集成吊顶 | 5.00 | m² | 180.00 | 900.00 | 轻钢龙骨骨架，铝扣板封顶 |
| 2 | 门套 | 10.00 | m | 125.00 | 1250.00 | 成品 |
| | 小计 | | | | 2150.00 | |

**七、厨房**

| | | | | | | |
|---|---|---|---|---|---|---|
| 1 | 集成吊顶 | 5.54 | m² | 180.00 | 997.20 | 轻钢龙骨骨架，铝扣板封顶 |
| | 小计 | | | | 997.20 | |
| | 合计： | | | | 44486.08 | |

**八、其他**

| | | | | | | |
|---|---|---|---|---|---|---|
| 1 | 安装灯具 | 1.00 | 项 | 500.00 | 500.00 | 仅安装费用不含灯具（甲供灯具） |
| 2 | 垃圾清运 | 1.00 | 项 | 300.00 | 300.00 | 运到物业指定地点（不包含外运） |
| 3 | 电路改造 | 1.00 | 项 | 1500.00 | 1500.00 | 不含开关、插座、灯具等 |
| 4 | 水路改造 | 1.00 | 项 | 1200.00 | 1200.00 | 不含开关、插座、灯具等 |
| 5 | 防水 | 35.00 | m² | 60.00 | 2100.00 | |
| | 小计 | | | | 5600.00 | |
| **工程管理费+设计费：(元)** | | | | | 5338.00 | 施工费合计×12% |
| **工程直接费用合计：(元)** | | | | | 55424.00 | |
| **主材** | | | | | | |
| 1 | 卧室木地板 | 27.39 | m² | 155.00 | 4245.45 | 复合实木 |
| 2 | 800×800地面砖 | 34.16 | m² | 125.00 | 4270.00 | 800×800地面砖 |
| 3 | 地面砖人工费 | 34.16 | m² | 45.00 | 1537.20 | 水泥沙子+人工 |
| 4 | 木地板踢脚线 | 28.50 | m | 20.00 | 570.00 | |
| 5 | 卫生间地砖 | 7.32 | m² | 90.00 | 658.80 | 300×300防滑砖 |

| 6 | 人工+辅料 | 7.32 | m² | 45.00 | 329.40 | 水泥沙子+人工 |
|---|---|---|---|---|---|---|
| 7 | 卫生间墙砖 | 40.12 | m² | 90.00 | 3610.80 | |
| 8 | 人工+辅料 | 40.12 | m² | 55.00 | 2206.60 | 水泥沙子+人工 |
| 9 | 厨房地砖 | 5.54 | m² | 90.00 | 498.60 | 300×300防滑砖 |
| 10 | 人工+辅料 | 5.54 | m² | 45.00 | 249.30 | 水泥沙子+人工 |
| 11 | 厨房墙砖 | 25.97 | m² | 90.00 | 2337.30 | |
| 12 | 人工+辅料 | 25.97 | m² | 55.00 | 1428.35 | 水泥沙子+人工 |
| 13 | 整体厨房地柜 | 7.85 | m | 1200.00 | 9420.00 | |
| 14 | 整体厨房吊柜 | 5.00 | m | 450.00 | 2250.00 | |
| 15 | 壁纸 | 31.00 | 卷 | 150.00 | 4650.00 | |
| 16 | 壁纸人工费 | 31.00 | 卷 | 25.00 | 775.00 | |
| 17 | 壁纸胶 | 152.00 | m² | 10.00 | 1520.00 | |
| 18 | 厨房推拉门 | 4.30 | m² | 420.00 | 1806.00 | |
| 19 | 卫生间隔断推拉门 | 5.75 | m² | 480.00 | 2760.00 | |
| 20 | 衣橱推拉门 | 3.50 | m² | 380.00 | 1330.00 | |
| | 小计 | | | | 46452.80 | |
| 主材代购费：（元） | | | | | 2323.00 | 主材总价×5% |
| 工程总造价：（元） | | | | | 48775.00 | |
| 最后工程合计总造价：（元） | | | | | 104200.00 | |

### 注意事项

| 温馨提示 | 1.为了维护您的利益,请您不要接受任何的口头承诺。<br>2.计算乳胶漆面积和墙砖面积时,门窗洞口面积减半计算, 以上墙漆报价不含特殊墙面处理。<br>3.实际发生项目若与报价单不符,一切以实际发生为准。<br>4.水电施工按实际发生计算（算在增减项内）。电路改造：明走管18元/米；砖墙暗走管26元/米；混凝土暗走管32元/米。水路改造：PPR明走管65元/米；暗走管80元/米。新开槽布底盒4元/个,原有底盒更换2元/个（西蒙）。水电路工程不打折。 |
|---|---|

# 案例2

**项目名称：** 奢华交响乐

**建筑面积：** 137平方米

**设 计 师：** 东禾艺术

**房　　型：** 三室二厅

**主　　材：** 镜面不锈钢、灰镜、壁纸、镜框、大理石、软包、油漆、木地板、地砖、墙砖、整体橱柜等

**工程造价：** 14.5万

平面布置图

## 设计说明 Explanation

### 奢华交响乐

　　客厅区域墙面以大面积的木纹石材为主体，欧式雪银砖为辅衬，用具有现代气息的镜面不锈钢加工成的欧式线条收边。沙发背景以深色软包和灰镜相互衬托。整个空间以现代材质和传统材质的运用来体现欧式现代气息。

　　餐厅和厨房的空间相对局促，所以厨房采用了敞开式，墙面使用爵士白砖和白色整体橱柜来提升空间。卧室以中性壁纸、深色软包、窗帘、雕花白镜为立面材质，配以白色家具，从而获得了更好的空间层次感。

| 序号 | 项目 | 工程量 | 单位 | 单价 | 合价 | 备注 |
|---|---|---|---|---|---|---|
| **一、客厅** | | | | | | |
| 1 | 铲除墙皮 | 36.61 | m² | 2.00 | 73.22 | 墙皮铲除 |
| 2 | 墙面壁纸基层 | 36.61 | m² | 23.00 | 842.03 | 墙皮铲除后，刷801界面剂。披刮腻子2～3遍 |
| 3 | 顶面漆（金牌立邦净味全效） | 18.78 | m² | 26.00 | 488.28 | 墙皮铲除后，刷801界面剂。披刮腻子2～3遍，乳胶漆面漆2遍 |
| 4 | 轻钢龙骨石膏板吊顶 | 10.50 | m² | 155.00 | 1627.50 | 轻钢龙骨框架、九厘石膏板贴面、按公司工艺施工（详见合同附件），批灰及乳胶漆、布线及灯具安装另计 |
| 5 | 银色镜框线 | 11.00 | m | 155.00 | 1705.00 | 成品 |
| 6 | 砂岩模块 | 3.40 | m² | 420.00 | 1428.00 | 成品 |
| 7 | 墙面大理石基层 | 13.60 | m² | 95.00 | 1292.00 | 细木工板框架 |
| 8 | 墙面软包 | 6.00 | m² | 320.00 | 1920.00 | 成品+安装 |
| 9 | 墙面灰色镜片+基层 | 2.70 | m² | 165.00 | 445.50 | 细木工板基层+5mm灰色镜片 |
| 10 | 推拉门套 | 12.40 | m | 125.00 | 1550.00 | 成品 |
| 11 | 阳台顶面乳胶漆 | 5.20 | m | 26.00 | 135.20 | 墙皮铲除后，刷801界面剂。披刮腻子2～3遍，乳胶漆面漆2遍 |
| 12 | 阳台吊柜 | 1.40 | m | 600.00 | 840.00 | 细木工板框架，澳松板饰面板，喷白色混油 |
| 13 | 入户门套 | 5.00 | m | 125.00 | 625.00 | 成品 |
| | 小计 | | | | 12971.73 | |
| **二、餐厅** | | | | | | |
| 1 | 铲除墙皮 | 28.60 | m² | 2.00 | 57.20 | 墙皮铲除 |
| 2 | 墙面壁纸基层 | 28.60 | m² | 23.00 | 657.80 | 墙皮铲除后，刷801界面剂。披刮腻子2～3遍， |
| 3 | 顶面漆（金牌立邦净味全效） | 9.37 | m² | 26.00 | 243.62 | 墙皮铲除后，刷801界面剂。披刮腻子2～3遍，乳胶漆面漆2遍 |
| 4 | 轻钢龙骨石膏板吊顶 | 4.60 | m² | 155.00 | 713.00 | 轻钢龙骨框架、九厘石膏板贴面、按公司工艺施工（详见合同附件），批灰及乳胶漆、布线及灯具安装另计 |

预算单

| | | | | | | |
|---|---|---|---|---|---|---|
| 5 | 墙面大理石基层 | 9.50 | m² | 95.00 | 902.50 | 细木工板框架 |
| 6 | 砂岩模块 | 1.50 | m² | 420.00 | 630.00 | 成品 |
| 7 | 银色镜框线 | 6.50 | m | 155.00 | 1007.50 | 成品 |
| 8 | 吧台柜体 | 1.20 | m | 600.00 | 720.00 | 细木工板框架 |
| 9 | 磨砂玻璃 | 3.40 | m² | 150.00 | 510.00 | 5mm白磨砂玻璃 |
| | 小计 | | | | 5441.62 | |
| **三、走廊** | | | | | | |
| 1 | 铲除墙皮 | 34.70 | m² | 2.00 | 69.40 | 墙皮铲除 |
| 2 | 墙面壁纸基层 | 34.70 | m² | 23.00 | 798.10 | 墙皮铲除后，刷801界面剂。披刮腻子2～3遍。 |
| 3 | 顶面漆（金牌立邦净味全效） | 10.50 | m² | 26.00 | 273.00 | 墙皮铲除后，刷801界面剂。披刮腻子2～3遍，乳胶漆面漆2遍 |
| 4 | 轻钢龙骨石膏板吊顶 | 9.00 | m² | 155.00 | 1395.00 | 轻钢龙骨框架、九厘石膏板贴面、按公司工艺施工（详见合同附件），批灰及乳胶漆、布线及灯具安装另计 |
| 5 | 玄关造型 | 1.00 | 项 | 1200.00 | 1200.00 | 细木工板基层，澳松板饰面，喷白色混油 |
| | 小计 | | | | 3735.50 | |
| **四、主卧室** | | | | | | |
| 1 | 铲除墙皮 | 37.80 | m² | 2.00 | 75.60 | 墙皮铲除 |
| 2 | 墙面壁纸基层 | 37.80 | m² | 23.00 | 869.40 | 墙皮铲除后，刷801界面剂。披刮腻子2～3遍。 |
| 3 | 顶面漆（金牌立邦净味全效） | 14.90 | m² | 26.00 | 387.40 | 墙皮铲除后，刷801界面剂。披刮腻子2～3遍，乳胶漆面漆2遍 |
| 4 | 轻钢龙骨石膏板吊顶 | 8.20 | m² | 155.00 | 1271.00 | 轻钢龙骨框架、九厘石膏板贴面、按公司工艺施工（详见合同附件），批灰及乳胶漆、布线及灯具安装另计 |
| 5 | 床头木质造型 | 2.60 | m² | 420.00 | 1092.00 | 细木工板基层，澳松板饰面，喷白色混油 |
| 6 | 床头软包 | 5.00 | m² | 320.00 | 1600.00 | 成品 |

| 7 | 床头茶镜喷砂图案 | 3.00 | m² | 185.00 | 555.00 | 5mm茶镜喷砂图案镜片 |
|---|---|---|---|---|---|---|
| 8 | 门+套 | 1.00 | 套 | 1650.00 | 1650.00 | 复合实木门 |
| | 小计 | | | | 7500.40 | |

## 五、次卧室

| 1 | 铲除墙皮 | 42.00 | m² | 2.00 | 84.00 | 墙皮铲除 |
|---|---|---|---|---|---|---|
| 2 | 墙面壁纸基层 | 42.00 | m² | 23.00 | 966.00 | 墙皮铲除后，刷801界面剂。披刮腻子2～3遍， |
| 3 | 顶面漆（金牌立邦净味全效） | 13.40 | m² | 26.00 | 348.40 | 墙皮铲除后，刷801界面剂。披刮腻子2～3遍，乳胶漆面漆2遍 |
| 4 | 轻钢龙骨石膏板吊顶 | 7.64 | m² | 155.00 | 1184.20 | 轻钢龙骨框架、九厘石膏板贴面、按公司工艺施工（详见合同附件），批灰及乳胶漆、布线及灯具安装另计 |
| 5 | 床头木质造型 | 5.30 | m² | 420.00 | 2226.00 | 细木工板基层，澳松板饰面，喷白色混油 |
| 6 | 床头软包 | 2.50 | m² | 320.00 | 800.00 | 成品 |
| 7 | 衣橱柜体 | 4.50 | m² | 600.00 | 2700.00 | 细木工板柜体，九厘板做背板，柜体内贴波音软片 |
| 8 | 门+套 | 1.00 | 套 | 1650.00 | 1650.00 | 复合实木门 |
| | 小计 | | | | 9958.60 | |

## 六、书房

| 1 | 铲除墙皮 | 29.75 | m² | 2.00 | 59.50 | 墙皮铲除 |
|---|---|---|---|---|---|---|
| 2 | 墙面壁纸基层 | 29.75 | m² | 23.00 | 684.25 | 墙皮铲除后，刷801界面剂。披刮腻子2～3遍， |
| 3 | 顶面漆（金牌立邦净味全效） | 10.61 | m² | 26.00 | 275.86 | 墙皮铲除后，刷801界面剂。披刮腻子2～3遍，乳胶漆面漆2遍 |
| 4 | 轻钢龙骨石膏板吊顶 | 6.57 | m² | 155.00 | 1018.35 | 轻钢龙骨框架、九厘石膏板贴面、按公司工艺施工（详见合同附件），批灰及乳胶漆、布线及灯具安装另计 |
| 5 | 书橱 | 4.80 | m² | 460.00 | 2208.00 | 细木工板柜体，外饰澳松板，喷白色混油 |
| 6 | 门+套 | 1.00 | 套 | 1650.00 | 1650.00 | 复合实木门 |
| | 小计 | | | | 5895.96 | |

| 七、书房衣帽间 | | | | | | |
|---|---|---|---|---|---|
| 1 | 铲除墙皮 | 15.50 | m² | 2.00 | 31.00 | 墙皮铲除 |
| 2 | 墙面漆（金牌立邦净味全效） | 15.50 | m² | 26.00 | 403.00 | 墙皮铲除后，刷801界面剂。披刮腻子2~3遍，乳胶漆面漆2遍 |
| 3 | 顶面漆（金牌立邦净味全效） | 3.84 | m² | 26.00 | 99.84 | 墙皮铲除后，刷801界面剂。披刮腻子2~3遍，乳胶漆面漆2遍 |
| 4 | 衣橱柜体 | 9.40 | m² | 600.00 | 5640.00 | 细木工板柜体，九厘板做背板，柜体内贴波音软片 |
| 5 | 推拉门套 | 12.00 | m | 125.00 | 1500.00 | 成品门套 |
| | 小计 | | | | 7673.84 | |
| 八、卫生间 | | | | | | |
| 1 | 集成吊顶 | 5.60 | m² | 180.00 | 1008.00 | 轻钢龙骨骨架，铝扣板封顶 |
| 2 | 门+套 | 1.00 | 套 | 1650.00 | 1650.00 | 复合实木门 |
| | 小计 | | | | 2658.00 | |
| 九、厨房 | | | | | | |
| 1 | 集成吊顶 | 5.54 | m² | 180.00 | 997.20 | 轻钢龙骨骨架，铝扣板封顶 |
| | 小计 | | | | 997.20 | |
| | 合计： | | | | 56832.85 | |
| 十、其他 | | | | | | |
| 1 | 安装灯具 | 1.00 | 项 | 600.00 | 600.00 | 仅安装费用不含灯具（甲供灯具） |
| 2 | 垃圾清运 | 1.00 | 项 | 450.00 | 450.00 | 运到物业指定地点（不包含外运） |
| 3 | 电路改造 | 1.00 | 项 | 2200.00 | 2200.00 | 不含开关、插座、灯具等 |
| 4 | 水路改造 | 1.00 | 项 | 1800.00 | 1800.00 | 不含开关、插座、灯具等 |
| 5 | 防水 | 45.00 | m² | 60.00 | 2700.00 | |
| | 小计 | | | | 7750.00 | |
| 工程管理费+设计费：(元) | | | | | 6820.00 | 施工费合计×12% |
| 工程直接费用合计：(元) | | | | | 71403.00 | |
| 主材 | | | | | | |
| 1 | 卧室木地板 | 42.75 | m² | 155.00 | 6626.25 | 实木复合木地板 |
| 2 | 800×800地面砖 | 34.16 | m² | 125.00 | 4270.00 | 800×800地面砖 |
| 3 | 地面砖人工费 | 34.16 | m² | 45.00 | 1537.20 | 水泥沙子+人工 |
| 4 | 木地板踢脚线 | 28.50 | m | 20.00 | 570.00 | 成品 |
| 5 | 卫生间地砖 | 5.60 | m² | 90.00 | 504.00 | 300×300防滑砖 |
| 6 | 人工+辅料 | 7.32 | m² | 45.00 | 329.40 | 水泥沙子+人工 |

| 7 | 卫生间墙砖 | 25.66 | m² | 90.00 | 2309.40 | 300×450瓷砖 |
|---|---|---|---|---|---|---|
| 8 | 人工+辅料 | 25.66 | m² | 55.00 | 1411.30 | 水泥沙子+人工 |
| 9 | 厨房地砖 | 6.14 | m² | 90.00 | 552.60 | 300×300防滑砖 |
| 10 | 人工+辅料 | 6.14 | m² | 45.00 | 276.30 | 水泥沙子+人工 |
| 11 | 厨房墙面大理石 | 18.90 | m² | 380.00 | 7182.00 | 墙面雪花白大理石 |
| 12 | 人工+辅料 | 18.90 | m² | 145.00 | 2740.50 | 刚挂件材料+人工费 |
| 13 | 墙面大理石 | 23.10 | m² | 480.00 | 11088.00 | |
| 14 | 墙面大理石安装费 | 23.10 | m² | 145.00 | 3349.50 | |
| 15 | 吧台大理石台面 | 3.40 | m² | 480.00 | 1632.00 | 金碧辉煌大理石 |
| 16 | 整体厨房地柜 | 4.00 | m | 1650.00 | 6600.00 | |
| 17 | 整体厨房吊柜 | 2.00 | m | 600.00 | 1200.00 | |
| 18 | 壁纸 | 45.00 | 卷 | 150.00 | 6750.00 | |
| 19 | 壁纸人工费 | 45.00 | 卷 | 25.00 | 1125.00 | |
| 20 | 壁纸胶 | 210.00 | m² | 10.00 | 2100.00 | |
| 21 | 阳台推拉门 | 7.00 | m² | 420.00 | 2940.00 | |
| 22 | 卫生间隔断推拉门 | 4.44 | m² | 480.00 | 2131.20 | |
| 23 | 衣橱推拉门 | 3.50 | m² | 380.00 | 1330.00 | |
| 24 | 衣帽间推拉门 | 4.00 | m² | 380.00 | 1520.00 | |
| | 小计 | | | | 70074.65 | |
| 主材代购费：（元） | | | | | 3504.00 | 主材总价×5% |
| 工程总造价：（元） | | | | | 73578.00 | |
| 最后工程合计总造价：（元） | | | | | 144981.00 | |

**注意事项**

| 温馨提示 | 1.为了维护您的利益,请您不要接受任何的口头承诺。<br>2.计算乳胶漆面积和墙砖面积时,门窗洞口面积减半计算,以上墙漆报价不含特殊墙面处理。<br>3.实际发生项目若与报价单不符,一切以实际发生为准。<br>4.水电施工按实际发生计算（算在增减项内）。电路改造：明走管18元/米；砖墙暗走管26元/米；混凝土暗走管32元/米。水路改造：PPR明走管65元/米；暗走管80元/米。新开槽布底盒4元/个,原有底盒更换2元/个（西蒙）。水电路工程不打折。 |
|---|---|

# 案例3

项目名称：家，最美的风景

建筑面积：216平方米

设 计 师：刘耀成

房　　型：复式

主　　材：油漆、水银镜、装饰板材、壁纸、楼梯、木地板、墙砖、地砖、大理石、整体橱柜等

工程造价：26万

## 设计说明 Explanation

### 家，最美的风景

　　本案是一套复式住宅，对于三口之家来说，空间非常充裕。这套设计中用了很多开放式和半开放式的空间，分隔形式各有不同。这种设计既保证了空间的通透性，又保证了隔断形式的多样性。本案的业主追求舒适时尚的生活，并没有为整个空间定义某一种装修风格。但是线条感极强的家具、大面积的玻璃隔断，都流露出了极强的现代感。

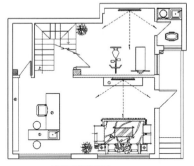

平面布置图

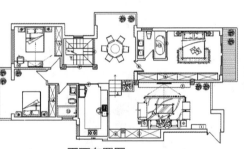

平面布置图

| 序号 | 项目 | 工程量 | 单位 | 单价 | 合价 | 备注 |
|------|------|--------|------|------|------|------|
| **预算单** | | | | | | |
| 一层 | | | | | | |
| **一、客厅** | | | | | | |
| 1 | 铲除墙皮 | 36.61 | m² | 2.00 | 73.22 | 墙皮铲除 |
| 2 | 墙面壁纸基层 | 36.61 | m² | 23.00 | 842.03 | 墙皮铲除后，刷801界面剂。披刮腻子2～3遍 |
| 3 | 顶面漆（金牌立邦净味全效） | 27.00 | m² | 26.00 | 702.00 | 墙皮铲除后，刷801界面剂。披刮腻子2～3遍，乳胶漆面漆2遍 |
| 4 | 轻钢龙骨石膏板吊顶 | 27.00 | m² | 155.00 | 4185.00 | 轻钢龙骨框架、九厘石膏板贴面、按公司工艺施工（详见合同附件），批灰及乳胶漆、布线及灯具安装另计 |
| 5 | 电视墙木质造型 | 1.00 | 项 | 2000.00 | 2000.00 | 细木工板框架，枫木饰面板饰面，喷清油 |
| 6 | 电视墙大理石基层 | 7.50 | m² | 95.00 | 712.50 | 细木工板框架 |
| 7 | 墙面水银镜片＋基层 | 6.00 | m² | 165.00 | 990.00 | 细木工板基层+5mm灰色镜片 |
| 8 | 电视柜 | 6.50 | m² | 600.00 | 3900.00 | 细木工板框架，枫木饰面板饰面，喷清油 |
| 9 | 沙发背景柜 | 8.20 | m² | 500.00 | 4100.00 | 细木工板框架，枫木饰面板饰面，喷清油 |
| 10 | 沙发背景墙面木质造型 | 8.00 | m² | 420.00 | 3360.00 | 细木工板框架，枫木饰面板饰面，喷清油 |
| 11 | 入户门＋套（双开门） | 1.00 | 套 | 2150.00 | 2150.00 | 复合实木门 |
| | 小计 | | | | 23014.75 | |
| **二、餐厅** | | | | | | |
| 1 | 铲除墙皮 | 28.60 | m² | 2.00 | 57.20 | 墙皮铲除 |
| 2 | 墙面壁纸基层 | 28.60 | m² | 23.00 | 657.80 | 墙皮铲除后，刷801界面剂。披刮腻子2～3遍 |
| 3 | 顶面漆（金牌立邦净味全效） | 16.00 | m² | 26.00 | 416.00 | 墙皮铲除后，刷801界面剂。披刮腻子2～3遍，乳胶漆面漆2遍 |
| 4 | 轻钢龙骨石膏板吊顶 | 9.00 | m² | 155.00 | 1395.00 | 轻钢龙骨框架、九厘石膏板贴面、按公司工艺施工（详见合同附件），批灰及乳胶漆、布线及灯具安装另计 |

| 5 | 墙面木质造型 | 12.00 | m² | 420.00 | 5040.00 | 细木工板框架，枫木饰面板饰面，喷清油 |
|---|---|---|---|---|---|---|
| 6 | 银色镜框线 | 6.50 | m | 155.00 | 1007.50 | 成品 |
| 7 | 水银镜片 | 3.00 | m² | 155.00 | 465.00 | 5mm水银镜片 |
| 8 | 艺术玻璃 | 3.40 | m² | 180.00 | 612.00 | 艺术玻璃 |
| 9 | 8mm透明钢化清玻璃 | 5.60 | m² | 280.00 | 1568.00 | 8mm钢化清玻璃 |
| 10 | 木质边框 | 11.00 | 米 | 125.00 | 1375.00 | 细木工板框架，枫木饰面板饰面，喷清油 |
| | 小计 | | | | 12593.50 | |
| **三、走廊** | | | | | | |
| 1 | 铲除墙皮 | 25.00 | m² | 2.00 | 50.00 | 墙皮铲除 |
| 2 | 墙面壁纸基层 | 25.00 | m² | 23.00 | 575.00 | 墙皮铲除后，刷801界面剂。披刮腻子2～3遍 |
| 3 | 顶面漆（金牌立邦净味全效） | 9.60 | m² | 26.00 | 249.60 | 墙皮铲除后，刷801界面剂。披刮腻子2～3遍，乳胶漆面漆2遍 |
| 4 | 轻钢龙骨石膏板吊顶 | 9.60 | m² | 155.00 | 1488.00 | 轻钢龙骨框架、九厘石膏板贴面、按公司工艺施工（详见合同附件），批灰及乳胶漆、布线及灯具安装另计 |
| | 小计 | | | | 2362.60 | |
| **四、主卧室** | | | | | | |
| 1 | 铲除墙皮 | 23.00 | m² | 2.00 | 46.00 | 墙皮铲除 |
| 2 | 墙面壁纸基层 | 23.00 | m² | 23.00 | 529.00 | 墙皮铲除后，刷801界面剂。披刮腻子2～3遍， |
| 3 | 顶面漆（金牌立邦净味全效） | 14.90 | m² | 26.00 | 387.40 | 墙皮铲除后，刷801界面剂。披刮腻子2～3遍，乳胶漆面漆2遍 |
| 4 | 轻钢龙骨石膏板吊顶 | 6.50 | m² | 155.00 | 1007.50 | 轻钢龙骨框架、九厘石膏板贴面、按公司工艺施工（详见合同附件），批灰及乳胶漆、布线及灯具安装另计 |
| 5 | 墙面木质造型 | 8.50 | m² | 420.00 | 3570.00 | 细木工板框架，枫木饰面板饰面，喷清油 |
| 6 | 茶镜 | 2.50 | m² | 155.00 | 387.50 | 5mm茶镜 |
| 7 | 衣橱柜体 | 12.00 | m² | 600.00 | 7200.00 | 细木工板柜体，九厘板做背板，柜体内贴波音软片 |

| | | | | | | |
|---|---|---|---|---|---|---|
| 8 | 衣橱柜门 | 9.00 | m² | 250.00 | 2250.00 | 细木工板基层，澳松板饰面，喷白色混油 |
| 9 | 门+套 | 1.00 | 套 | 1650.00 | 1650.00 | 复合实木门 |
| 10 | 木质边框 | 8.00 | m | 125.00 | 1000.00 | 细木工板框架，枫木饰面板饰面，喷清油 |
| | 小计 | | | | 18027.40 | |
| **五、主卧卫生间** | | | | | | |
| 1 | 集成吊顶 | 4.50 | m² | 180.00 | 810.00 | 轻钢龙骨骨架，铝扣板封顶 |
| 2 | 门+套 | 1.00 | 套 | 1650.00 | 1650.00 | 复合实木门 |
| | 小计 | | | | 2460.00 | |
| **六、次卧室1** | | | | | | |
| 1 | 铲除墙皮 | 42.00 | m² | 2.00 | 84.00 | 墙皮铲除 |
| 2 | 墙面壁纸基层 | 42.00 | m² | 23.00 | 966.00 | 墙皮铲除后，刷801界面剂。披刮腻子2～3遍 |
| 3 | 顶面漆（金牌立邦净味全效） | 12.50 | m² | 26.00 | 325.00 | 墙皮铲除后，刷801界面剂。披刮腻子2～3遍，乳胶漆面漆2遍 |
| 4 | 石膏线 | 13.50 | m | 25.00 | 337.50 | 成品石膏线 |
| 5 | 衣橱柜体 | 4.80 | m² | 600.00 | 2880.00 | 细木工板柜体，九厘板做背板，柜体内贴波音软片 |
| 6 | 门+套 | 1.00 | 套 | 1650.00 | 1650.00 | 复合实木门 |
| | 小计 | | | | 6242.50 | |
| **七、次卧室2** | | | | | | |
| 1 | 铲除墙皮 | 34.50 | m² | 2.00 | 69.00 | 墙皮铲除 |
| 2 | 墙面壁纸基层 | 34.50 | m² | 23.00 | 793.50 | 墙皮铲除后，刷801界面剂。披刮腻子2～3遍 |
| 3 | 顶面漆（金牌立邦净味全效） | 14.50 | m² | 26.00 | 377.00 | 墙皮铲除后，刷801界面剂。披刮腻子2～3遍，乳胶漆面漆2遍 |
| 4 | 轻钢龙骨石膏板吊顶 | 6.70 | m² | 155.00 | 1038.50 | 轻钢龙骨框架、九厘石膏板贴面、按公司工艺施工（详见合同附件），批灰及乳胶漆、布线及灯具安装另计 |
| 5 | 衣橱柜体 | 6.80 | m² | 600.00 | 4080.00 | 细木工板柜体，九厘板做背板，柜体内贴波音软片 |
| 6 | 衣橱柜门 | 5.60 | m² | 250.00 | 1400.00 | 细木工板框架，枫木饰面板饰面，喷清油 |
| 7 | 门+套 | 1.00 | 套 | 1650.00 | 1650.00 | 复合实木门 |
| | 小计 | | | | 9408.00 | |

## 八、楼梯间

| | | | | | | |
|---|---|---|---|---|---|---|
| 1 | 铲除墙皮 | 32.00 | m² | 2.00 | 64.00 | 墙皮铲除 |
| 2 | 墙面漆（金牌立邦净味全效） | 32.00 | m² | 26.00 | 832.00 | 墙皮铲除后，刷801界面剂。披刮腻子2～3遍，乳胶漆面漆2遍 |
| 3 | 顶面漆（金牌立邦净味全效） | 9.00 | m² | 26.00 | 234.00 | 墙皮铲除后，刷801界面剂。披刮腻子2～3遍，乳胶漆面漆2遍 |
| 4 | 轻钢龙骨石膏板吊顶 | 5.00 | m² | 155.00 | 775.00 | 轻钢龙骨框架、九厘石膏板贴面、按公司工艺施工（详见合同附件），批灰及乳胶漆、布线及灯具安装另计 |
| | 小计 | | | | 1905.00 | |

## 九、卫生间

| | | | | | | |
|---|---|---|---|---|---|---|
| 1 | 集成吊顶 | 6.50 | m² | 180.00 | 1170.00 | 轻钢龙骨骨架，铝扣板封顶 |
| 2 | 门+套 | 1.00 | 套 | 1650.00 | 1650.00 | 复合实木门 |
| | 小计 | | | | 2820.00 | |

## 十、厨房

| | | | | | | |
|---|---|---|---|---|---|---|
| 1 | 集成吊顶 | 10.00 | m² | 180.00 | 1800.00 | 轻钢龙骨骨架，铝扣板封顶 |
| 2 | 推拉门套 | 12.00 | m | 125.00 | 1500.00 | 成品 |
| | 小计 | | | | 1800.00 | |
| | 合计： | | | | 80633.75 | |

## 二层

## 一、客厅

| | | | | | | |
|---|---|---|---|---|---|---|
| 1 | 铲除墙皮 | 23.00 | m² | 2.00 | 46.00 | 墙皮铲除 |
| 2 | 墙面壁纸基层 | 23.00 | m² | 23.00 | 529.00 | 墙皮铲除后，刷801界面剂。披刮腻子2～3遍， |
| 3 | 顶面漆（金牌立邦净味全效） | 36.00 | m² | 26.00 | 936.00 | 墙皮铲除后，刷801界面剂。披刮腻子2～3遍，乳胶漆面漆2遍 |
| 4 | 轻钢龙骨石膏板吊顶 | 21.00 | m² | 155.00 | 3255.00 | 轻钢龙骨框架、九厘石膏板贴面、按公司工艺施工（详见合同附件），批灰及乳胶漆、布线及灯具安装另计 |
| 5 | 书橱 | 11.00 | m² | 500.00 | 5500.00 | 细木工板框架，枫木饰面板饰面，喷清油 |
| 6 | 墙面木质造型 | 21.00 | m² | 420.00 | 8820.00 | 细木工板框架，枫木饰面板饰面，喷清油 |
| 7 | 电视柜 | 3.20 | m² | 600.00 | 1920.00 | 细木工板框架，枫木饰面板饰面，喷清油 |
| 8 | 门+套 | 1.00 | 套 | 1650.00 | 1650.00 | 复合实木门 |

| 9 | 垭口套 | 12.00 | m | 125.00 | 1500.00 | 复合实木 |
|---|---|---|---|---|---|---|
| 10 | 吧台柜体 | 1.00 | 项 | 1200.00 | 1200.00 | 细木工板框架 |
| | 小计 | | | | 25356.00 | |
| **二、储藏间** | | | | | | |
| 1 | 铲除墙皮 | 21.00 | m² | 2.00 | 42.00 | 墙皮铲除 |
| 2 | 墙面壁纸基层 | 21.00 | m² | 23.00 | 483.00 | 墙皮铲除后，刷801界面剂。披刮腻子2～3遍， |
| 3 | 顶面漆（金牌立邦净味全效） | 5.00 | m² | 26.00 | 130.00 | 墙皮铲除后，刷801界面剂。披刮腻子2～3遍，乳胶漆面漆2遍 |
| 4 | 隐形门+套 | 1.00 | 套 | 1700.00 | 1700.00 | 细木工板框架，枫木饰面板饰面，喷清油 |
| | 小计 | | | | 2355.00 | |
| **三、健身房** | | | | | | |
| 1 | 铲除墙皮 | 45.00 | m² | 2.00 | 90.00 | 墙皮铲除 |
| 2 | 墙面壁纸基层 | 45.00 | m² | 23.00 | 1035.00 | 墙皮铲除后，刷801界面剂。披刮腻子2～3遍， |
| 3 | 顶面漆（金牌立邦净味全效） | 21.00 | m² | 26.00 | 546.00 | 墙皮铲除后，刷801界面剂。披刮腻子2～3遍，乳胶漆面漆2遍 |
| 4 | 轻钢龙骨石膏板吊顶 | 21.00 | m² | 155.00 | 3255.00 | 轻钢龙骨框架、九厘石膏板贴面、按公司工艺施工（详见合同附件），批灰及乳胶漆、布线及灯具安装另计 |
| 5 | 水银镜片 | 12.00 | m² | 155.00 | 1860.00 | 5mm水银镜片 |
| 6 | 玻璃门+套 | 1.00 | 套 | 1250.00 | 1250.00 | |
| | 小计 | | | | 8036.00 | |
| **四、卫生间** | | | | | | |
| 1 | 集成吊顶 | 4.00 | m² | 180.00 | 720.00 | 轻钢龙骨骨架，铝扣板封顶 |
| 2 | 门+套 | 1.00 | 套 | 1650.00 | 1650.00 | 复合实木门 |
| | 小计 | | | | 2370.00 | |
| | 合计： | | | | 38117.00 | |
| | 总计： | | | | 118750.75 | |
| **五、其他** | | | | | | |
| 1 | 安装灯具 | 1.00 | 项 | 600.00 | 600.00 | 仅安装费用不含灯具（甲供灯具） |
| 2 | 垃圾清运 | 1.00 | 项 | 450.00 | 450.00 | 运到物业指定地点（不包含外运） |
| 3 | 电路改造 | 1.00 | 项 | 3500.00 | 3500.00 | 不含开关、插座、灯具等 |
| 4 | 水路改造 | 1.00 | 项 | 2450.00 | 2450.00 | 不含开关、插座、灯具等 |
| | 小计 | | | | 7000.00 | |
| **工程管理费+设计费：（元）** | | | | | 14250.00 | 施工费合计×12% |
| **工程直接费用合计：（元）** | | | | | 140001 | |

| | | | | | | | 主材 |
|---|---|---|---|---|---|---|---|
| 1 | 卧室木地板 | 67.90 | m² | 155.00 | 10524.50 | 实木复合木地板 |
| 2 | 800×800地面砖 | 96.60 | m² | 155.00 | 14973.00 | 800×800地面砖 |
| 3 | 地面砖人工费 | 96.60 | m² | 45.00 | 4347.00 | 水泥沙子+人工 |
| 4 | 木地板踢脚线 | 45.00 | m | 20.00 | 900.00 | 成品 |
| 5 | 卫生间地砖 | 15.00 | m² | 90.00 | 1350.00 | 300×300防滑砖 |
| 6 | 人工+辅料 | 15.00 | m² | 45.00 | 675.00 | 水泥沙子+人工 |
| 7 | 卫生间墙砖 | 34.00 | m² | 90.00 | 3060.00 | 300×450瓷砖 |
| 8 | 人工+辅料 | 34.00 | m² | 55.00 | 1870.00 | 水泥沙子+人工 |
| 9 | 厨房地砖 | 10.00 | m² | 90.00 | 900.00 | 300×300防滑砖 |
| 10 | 人工+辅料 | 10.00 | m² | 45.00 | 450.00 | 水泥沙子+人工 |
| 11 | 厨房墙砖 | 25.70 | m² | 380.00 | 9766.00 | 300×450墙砖 |
| 12 | 人工+辅料 | 25.70 | m² | 145.00 | 3726.50 | 水泥沙子+人工 |
| 13 | 墙面大理石 | 7.50 | m² | 480.00 | 3600.00 | |
| 14 | 墙面大理石安装费 | 7.50 | m² | 145.00 | 1087.50 | |
| 15 | 吧台大理石台面 | 10.60 | m² | 480.00 | 5088.00 | 雪花白大理石 |
| 16 | 马赛克 | 21.00 | m² | 350.00 | 7350.00 | |
| 17 | 马赛克人工费 | 21.00 | m² | 45.00 | 945.00 | |
| 18 | 整体厨房地柜 | 8.00 | m | 1650.00 | 13200.00 | |
| 19 | 整体厨房吊柜 | 5.00 | m | 600.00 | 3000.00 | |
| 20 | 壁纸 | 89.00 | 卷 | 150.00 | 13350.00 | |
| 21 | 壁纸人工费 | 89.00 | 卷 | 25.00 | 2225.00 | |
| 22 | 壁纸胶 | 450.00 | m² | 10.00 | 4500.00 | |
| 23 | 阳台推拉门 | 12.00 | m² | 420.00 | 5040.00 | |
| 24 | 楼梯间推拉门 | 3.70 | m² | 480.00 | 1776.00 | |
| 25 | 衣橱推拉门 | 4.50 | m² | 380.00 | 1710.00 | |
| | 小计 | | | | 115413.50 | |
| **主材代购费：（元）** | | | | | 5771.00 | 主材总价×5% |
| **工程总造价：（元）** | | | | | 121184.00 | |
| **最后工程合计总造价：（元）** | | | | | 261185.00 | |

| | 注意事项 |
|---|---|
| **温馨 提示** | 1.为了维护您的利益,请您不要接受任何的口头承诺。<br>2.计算乳胶漆面积和墙砖面积时,门窗洞口面积减半计算,以上墙漆报价不含特殊墙面处理。<br>3.实际发生项目若与报价单不符,一切以实际发生为准。<br>4.水电施工按实际发生计算(算在增减项内)。电路改造:明走管18元/米;砖墙暗走管26元/米;混凝土暗走管32元/米。水路改造:PPR明走管65元/米;暗走管80元/米。新开槽布底盒4元/个,原有底盒更换2元/个(西蒙)。水电路工程不打折。 |

三个人的乐活美宅 **83**

# ◗案例4 ▪▪▪▪▪

**项目名称：** 明日星洲
**建筑面积：** 145平方米
**设 计 师：** 由伟壮
**房　　型：** 三室二厅
**主　　材：** 油漆、镜片、皮革软包、磨砂玻璃、集成吊顶、木地板、地砖、墙砖、大理石、壁纸、整体橱柜等
**工程造价：** 14万

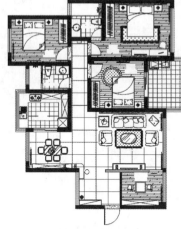

平面布置图

## 设计说明 Explanation

### 明日星洲

　　简约而不简单是低碳家装最好的风格之一.运用黑白色调对比代替了复杂的装饰工艺和高档的装饰材料,既解决了业主不太宽裕的问题,又很好地响应了低碳装修的号召。

## 预算单

| 序号 | 项目 | 工程量 | 单位 | 单价 | 合价 | 备注 |
|---|---|---|---|---|---|---|
| 一、门厅 | | | | | | |
| 1 | 铲除墙皮 | 19.00 | m² | 2.00 | 38.00 | 墙皮铲除 |
| 2 | 墙面漆（金牌立邦净味全效） | 19.00 | m² | 26.00 | 494.00 | 墙皮铲除后，刷801界面剂。披刮腻子2~3遍，乳胶漆面漆2遍 |
| 3 | 顶面漆（金牌立邦净味全效） | 5.86 | m² | 26.00 | 152.36 | 墙皮铲除后，刷801界面剂。披刮腻子2~3遍，乳胶漆面漆2遍 |
| 4 | 轻钢龙骨石膏板吊顶 | 5.86 | m² | 155.00 | 908.30 | 轻钢龙骨框架、九厘石膏板贴面、按公司工艺施工（详见合同附件），批灰及乳胶漆、布线及灯具安装另计 |

| 5 | 门+套 | 1.00 | 套 | 1650.00 | 1650.00 | 复合实木门 |
|---|---|---|---|---|---|---|
| 6 | 顶面黑色镜片 | 1.93 | m² | 155.00 | 299.15 | 5mm黑色镜片 |
| 7 | 鞋柜 | 1.50 | m² | 500.00 | 750.00 | 细木工板柜体，澳松板饰面，喷白色混油 |
| | 小计 | | | | 4291.81 | |
| **二、客厅** | | | | | | |
| 1 | 铲除墙皮 | 23.00 | m² | 2.00 | 46.00 | 墙皮铲除 |
| 2 | 墙面漆（金牌立邦净味全效） | 23.00 | m² | 26.00 | 598.00 | 墙皮铲除后，刷801界面剂。披刮腻子2～3遍，乳胶漆面漆2遍 |
| 3 | 顶面漆（金牌立邦净味全效） | 18.86 | m² | 26.00 | 490.36 | 墙皮铲除后，刷801界面剂。披刮腻子2～3遍，乳胶漆面漆2遍 |
| 4 | 轻钢龙骨石膏板吊顶 | 18.11 | m² | 155.00 | 2807.05 | 轻钢龙骨框架、九厘石膏板贴面、按公司工艺施工（详见合同附件），批灰及乳胶漆、布线及灯具安装另计 |
| 5 | 窗帘盒 | 3.25 | m | 95.00 | 308.75 | 细木工板基层，石膏板饰面 |
| 6 | 顶面黑色镜片 | 4.44 | m² | 155.00 | 688.20 | 5mm黑色镜片 |
| 7 | 电视墙造型基层 | 9.76 | m² | 165.00 | 1610.40 | 轻钢龙骨骨架、细木工板饰面 |
| 8 | 水银镜片 | 1.25 | m² | 125.00 | 156.25 | 水银镜片 |
| 9 | 黑色镜片 | 4.65 | m² | 165.00 | 767.25 | 5mm黑色镜片 |
| 10 | 白色混油木质框 | 1.00 | 项 | 750.00 | 750.00 | 细木工板框架，澳松板饰面板，喷白色混油 |
| 11 | 门套 | 10.00 | m | 125.00 | 1250.00 | 白色混油门套 |
| 12 | 电视柜 | 3.84 | m² | 800.00 | 3072.00 | 细木工板框架，枫木面板饰面，喷清油 |
| 13 | 珠帘 | 1.00 | 项 | 1500.00 | 1500.00 | 成品 |
| 14 | 沙发背景基层 | 13.00 | m² | 95.00 | 1235.00 | 细木工板框架 |
| 15 | 皮革软包 | 8.30 | m² | 320.00 | 2656.00 | 成品 |
| 16 | 木质收口线条 | 14.70 | m | 35.00 | 514.50 | 细木工板框架，澳松板饰面板，喷白色混油 |
| 17 | 基层+不锈钢收口 | 5.93 | m | 35.00 | 207.55 | 细木工板基层+20mm不锈钢收口线条 |
| 18 | 基层+不锈钢收口 | 5.93 | m | 35.00 | 207.55 | 细木工板基层+20mm不锈钢收口线条 |
| | 小计 | | | | 18864.86 | |

## 三、餐厅

| | | | | | | |
|---|---|---|---|---|---|---|
| 1 | 铲除墙皮 | 17.80 | m² | 2.00 | 35.60 | 墙皮铲除 |
| 2 | 墙面漆（金牌立邦净味全效） | 17.80 | m² | 26.00 | 462.80 | 墙皮铲除后，刷801界面剂。披刮腻子2～3遍，乳胶漆面漆2遍 |
| 3 | 顶面漆（金牌立邦净味全效） | 6.63 | m² | 26.00 | 172.38 | 墙皮铲除后，刷801界面剂。披刮腻子2～3遍，乳胶漆面漆2遍 |
| 4 | 轻钢龙骨石膏板吊顶 | 5.77 | m² | 155.00 | 894.35 | 轻钢龙骨框架、九厘石膏板贴面、按公司工艺施工（详见合同附件），批灰及乳胶漆、布线及灯具安装另计 |
| 5 | 顶面黑色镜片 | 1.17 | m² | 155.00 | 181.35 | 5mm黑色镜片 |
| 6 | 酒柜 | 5.00 | m² | 420.00 | 2100.00 | 细木工板框架，澳松板饰面板，喷白色混油 |
| 7 | 黑镜+安装 | 3.92 | m² | 155.00 | 607.60 | 5mm黑镜 |
| 8 | 吧台柜体 | 1.60 | m | 600.00 | 960.00 | 细木工板框架 |
| 9 | 磨砂玻璃 | 3.40 | m² | 150.00 | 510.00 | 5mm白磨砂玻璃 |
| | 小计 | | | | 5924.08 | |

## 四、走廊

| | | | | | | |
|---|---|---|---|---|---|---|
| 1 | 铲除墙皮 | 34.70 | m² | 2.00 | 69.40 | 墙皮铲除 |
| 2 | 墙面漆（金牌立邦净味全效） | 34.70 | m² | 26.00 | 902.20 | 墙皮铲除后，刷801界面剂。披刮腻子2～3遍，乳胶漆面漆2遍 |
| 3 | 顶面漆（金牌立邦净味全效） | 8.76 | m² | 26.00 | 227.76 | 墙皮铲除后，刷801界面剂。披刮腻子2～3遍，乳胶漆面漆2遍 |
| 4 | 轻钢龙骨石膏板吊顶 | 8.50 | m² | 155.00 | 1317.50 | 轻钢龙骨框架、九厘石膏板贴面、按公司工艺施工（详见合同附件），批灰及乳胶漆、布线及灯具安装另计 |
| 5 | 玄关造型柜 | 1.00 | 项 | 800.00 | 800.00 | 细木工板基层，澳松板饰面，喷白色混油 |
| 6 | 玄关艺术镜片 | 1.00 | 项 | 300.00 | 300.00 | 成品 |
| | 小计 | | | | 3616.86 | |

## 五、休闲区

| | | | | | | |
|---|---|---|---|---|---|---|
| 1 | 铲除墙皮 | 24.00 | m² | 2.00 | 48.00 | 墙皮铲除 |

| | | | | | | |
|---|---|---|---|---|---|---|
| 2 | 墙面漆（金牌立邦净味全效） | 24.00 | m² | 26.00 | 624.00 | 墙皮铲除后，刷801界面剂。披刮腻子2～3遍，乳胶漆面漆2遍 |
| 3 | 顶面漆（金牌立邦净味全效） | 5.89 | m² | 26.00 | 153.14 | 墙皮铲除后，刷801界面剂。披刮腻子2～3遍，乳胶漆面漆2遍 |
| 4 | 轻钢龙骨石膏板吊顶 | 4.60 | m² | 155.00 | 713.00 | 轻钢龙骨框架、九厘石膏板贴面、按公司工艺施工（详见合同附件），批灰及乳胶漆、布线及灯具安装另计 |
| 5 | 书橱 | 6.67 | m² | 450.00 | 3001.50 | 细木工板基层，澳松板饰面，喷白色混油 |
| 6 | 地台 | 5.89 | m² | 230.00 | 1354.70 | 细木工板框架 |
| | 小计 | | | | 5894.34 | |
| **六、主卧室** | | | | | | |
| 1 | 铲除墙皮 | 34.00 | m² | 2.00 | 68.00 | 墙皮铲除 |
| 2 | 墙面壁纸基层 | 34.00 | m² | 23.00 | 782.00 | 墙皮铲除后，刷801界面剂。披刮腻子2～3遍 |
| 3 | 顶面漆（金牌立邦净味全效） | 12.36 | m² | 26.00 | 321.36 | 墙皮铲除后，刷801界面剂。披刮腻子2～3遍，乳胶漆面漆2遍 |
| 4 | 轻钢龙骨石膏板吊顶 | 12.36 | m² | 155.00 | 1915.80 | 轻钢龙骨框架、九厘石膏板贴面、按公司工艺施工（详见合同附件），批灰及乳胶漆、布线及灯具安装另计 |
| 5 | 衣橱柜体 | 6.31 | m² | 600.00 | 3786.00 | 细木工板柜体，九厘板做背板，柜体内贴波音软片 |
| 6 | 墙面石膏板造型 | 6.70 | m² | 125.00 | 837.50 | 木龙骨骨架，石膏板饰面 |
| 7 | 门+套 | 1.00 | 套 | 1650.00 | 1650.00 | 复合实木门 |
| | 小计 | | | | 9360.66 | |
| **七、卫生间** | | | | | | |
| 1 | 集成吊顶 | 4.46 | m² | 180.00 | 802.80 | 轻钢龙骨骨架，铝扣板封顶 |
| 2 | 门+套 | 1.00 | 套 | 1650.00 | 1650.00 | 复合实木门 |
| | 小计 | | | | 2452.80 | |
| **八、次卧室1** | | | | | | |
| 1 | 铲除墙皮 | 30.00 | m² | 2.00 | 60.00 | 墙皮铲除 |

| | | | | | |
|---|---|---|---|---|---|
| 2 | 墙面漆（金牌立邦净味全效） | 30.00 | m² | 26.00 | 780.00 | 墙皮铲除后，刷801界面剂。披刮腻子2~3遍，乳胶漆面漆2遍 |
| 3 | 顶面漆（金牌立邦净味全效） | 10.33 | m² | 26.00 | 268.58 | 墙皮铲除后，刷801界面剂。披刮腻子2~3遍，乳胶漆面漆2遍 |
| 4 | 轻钢龙骨石膏板吊顶 | 6.17 | m² | 155.00 | 956.35 | 轻钢龙骨框架、九厘石膏板贴面、按公司工艺施工（详见合同附件），批灰及乳胶漆、布线及灯具安装另计 |
| 5 | 衣橱柜体 | 4.32 | m² | 600.00 | 2592.00 | 细木工板柜体，九厘板做背板，柜体内贴波音软片 |
| 6 | 门+套 | 1.00 | 套 | 1650.00 | 1650.00 | 复合实木门 |
| | 小计 | | | | 6306.93 | |

**九、次卧室2**

| | | | | | |
|---|---|---|---|---|---|
| 1 | 铲除墙皮 | 30.00 | m² | 2.00 | 60.00 | 墙皮铲除 |
| 2 | 墙面漆（金牌立邦净味全效） | 30.00 | m² | 26.00 | 780.00 | 墙皮铲除后，刷801界面剂。披刮腻子2~3遍，乳胶漆面漆2遍 |
| 3 | 顶面漆（金牌立邦净味全效） | 10.90 | m² | 26.00 | 283.40 | 墙皮铲除后，刷801界面剂。披刮腻子2~3遍，乳胶漆面漆2遍 |
| 4 | 轻钢龙骨石膏板吊顶 | 6.94 | m² | 155.00 | 1075.70 | 轻钢龙骨框架、九厘石膏板贴面、按公司工艺施工（详见合同附件），批灰及乳胶漆、布线及灯具安装另计 |
| 5 | 衣橱柜体 | 4.59 | m² | 600.00 | 2754.00 | 细木工板柜体，九厘板做背板，柜体内贴波音软片 |
| 6 | 门+套 | 1.00 | 套 | 1650.00 | 1650.00 | 复合实木门 |
| 7 | 推拉门套 | 12.00 | m | 125.00 | 1500.00 | 成品门套 |
| | 小计 | | | | 8103.10 | |

**十、阳台**

| | | | | | |
|---|---|---|---|---|---|
| 1 | 铲除墙皮 | 17.00 | m² | 2.00 | 34.00 | 墙皮铲除 |
| 2 | 墙面漆（金牌立邦净味全效） | 17.00 | m² | 26.00 | 442.00 | 墙皮铲除后，刷801界面剂。披刮腻子2~3遍，乳胶漆面漆2遍 |
| 3 | 顶面漆（金牌立邦净味全效） | 6.90 | m² | 26.00 | 179.40 | 墙皮铲除后，刷801界面剂。披刮腻子2~3遍，乳胶漆面漆2遍 |
| | 小计 | | | | 655.40 | |

## 十一、卫生间

| | | | | | | |
|---|---|---|---|---|---|---|
| 1 | 集成吊顶 | 4.00 | m² | 180.00 | 720.00 | 轻钢龙骨骨架，铝扣板封顶 |
| 2 | 门+套 | 1.00 | 套 | 1650.00 | 1650.00 | 复合实木门 |
| | 小计 | | | | 2370.00 | |

## 十二、厨房

| | | | | | | |
|---|---|---|---|---|---|---|
| 1 | 集成吊顶 | 7.30 | m² | 180.00 | 1314.00 | 轻钢龙骨骨架，铝扣板封顶 |
| 2 | 推拉门套 | 13.50 | 套 | 125.00 | 1687.50 | 成品门套 |
| | 小计 | | | | 1314.00 | |
| | 合计： | | | | 69154.84 | |

## 十三、其他

| | | | | | | |
|---|---|---|---|---|---|---|
| 1 | 安装灯具 | 1.00 | 项 | 600.00 | 600.00 | 仅安装费用不含灯具（甲供灯具） |
| 2 | 垃圾清运 | 1.00 | 项 | 450.00 | 450.00 | 运到物业指定地点（不包含外运） |
| 3 | 电路改造 | 1.00 | 项 | 2200.00 | 2200.00 | 不含开关、插座、灯具等 |
| 4 | 水路改造 | 1.00 | 项 | 2000.00 | 2000.00 | 不含开关、插座、灯具等 |
| 5 | 防水 | 45.00 | m² | 60.00 | 2700.00 | |
| 6 | 墙体拆除费 | 1.00 | 项 | 1200.00 | 1200.00 | |
| | | 小计 | | | 9150.00 | |

| | | | |
|---|---|---|---|
| **工程管理费+设计费：（元）** | | 8299.00 | 施工费合计×12% |
| **工程直接费用合计：（元）** | | 86603.00 | |

| | | | | | | |
|---|---|---|---|---|---|---|
| | | | | 主材 | | |
| 1 | 卧室木地板 | 34.23 | m² | 155.00 | 5305.65 | 实木复合木地板 |
| 2 | 800×800地面砖 | 40.13 | m² | 125.00 | 5016.25 | 800×800地面砖 |
| 3 | 地面砖人工费 | 40.13 | m² | 45.00 | 1805.85 | 水泥沙子+人工 |
| 4 | 木地板踢脚线 | 23.00 | m | 20.00 | 460.00 | 成品 |
| 5 | 卫生间地砖 | 8.46 | m² | 90.00 | 761.40 | 300×300防滑砖 |
| 6 | 人工+辅料 | 8.46 | m² | 45.00 | 380.70 | 水泥沙子+人工 |
| 7 | 卫生间墙砖 | 38.50 | m² | 90.00 | 3465.00 | 300×450瓷砖 |
| 8 | 人工+辅料 | 38.50 | m² | 55.00 | 2117.50 | 水泥沙子+人工 |
| 9 | 厨房地砖 | 7.30 | m² | 90.00 | 657.00 | 300×300防滑砖 |
| 10 | 人工+辅料 | 7.30 | m² | 45.00 | 328.50 | 水泥沙子+人工 |
| 11 | 厨房墙砖 | 24.00 | m² | 90.00 | 2160.00 | 300×450瓷砖 |
| 12 | 人工+辅料 | 24.00 | m² | 55.00 | 1320.00 | 水泥沙子+人工 |
| 13 | 阳台地砖 | 6.90 | m² | 90.00 | 621.00 | 300×300防滑砖 |
| 14 | 人工+辅料 | 6.90 | m² | 55.00 | 379.50 | 水泥沙子+人工 |

| 15 | 电视墙墙面大理石 | 6.00 | m² | 480.00 | 2880.00 | |
|---|---|---|---|---|---|---|
| 16 | 大理石安装费 | 6.00 | m² | 145.00 | 870.00 | |
| 17 | 吧台大理石台面 | 0.43 | m² | 480.00 | 206.40 | 大理石 |
| 18 | 整体厨房地柜 | 5.41 | m | 1650.00 | 8926.50 | |
| 19 | 整体厨房吊柜 | 3.00 | m | 600.00 | 1800.00 | |
| 20 | 壁纸 | 10.00 | 卷 | 150.00 | 1500.00 | |
| 21 | 壁纸人工费 | 10.00 | 卷 | 25.00 | 250.00 | |
| 22 | 壁纸胶 | 50.00 | m² | 10.00 | 500.00 | |
| 23 | 厨房推拉门 | 4.00 | m² | 420.00 | 1680.00 | |
| 24 | 卫生间隔断推拉门 | 4.44 | m² | 480.00 | 2131.20 | |
| 25 | 衣橱推拉门 | 11.00 | m² | 380.00 | 4180.00 | |
| 26 | 阳台推拉门 | 4.37 | m² | 420.00 | 1835.40 | |
| | 小计 | | | | 51537.85 | |
| 主材代购费：（元） | | | | | 2577.00 | 主材总价×5％ |
| 工程总造价：（元） | | | | | 54115.00 | |
| 最后工程合计总造价：（元） | | | | | 140718.00 | |

**注意事项**

温馨提示

1.为了维护您的利益,请您不要接受任何的口头承诺。

2.计算乳胶漆面积和墙砖面积时,门窗洞口面积减半计算,以上墙漆报价不含特殊墙面处理。

3.实际发生项目若与报价单不符,一切以实际发生为准。

4.水电施工按实际发生计算（算在增减项内）。电路改造：明走管18元/米；砖墙暗走管26元/米；混凝土暗走管32元/米。水路改造：PPR明走管65元/米；暗走管80元/米。新开槽布底盒4元/个,原有底盒更换2元/个（西蒙）。水电路工程不打折。

# 案例5

**项目名称：** 乡村田园的幸福生活

**建筑面积：** 320平方米

**设 计 师：** 王刚

**房　　型：** 别墅

**主　　材：** 油漆、装饰板材、木地板、地砖、墙砖、壁纸、整体橱柜等

**工程造价：** 12.5万

## 乡村田园的幸福生活

　　本案以异域风情来表现不一样的时尚生活，通过大量的造型设计与软装饰，营造出了一个华美而艳丽的居住空间。本案采用了许多效果特殊的装饰材料与元素，如多彩的壁纸、质感的铁艺、鲜艳的织物、自然的实木以及清新的花草绿植等。

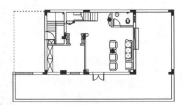

平面布置图

一楼平面布置图

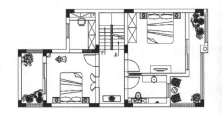

二楼平面布置图

三楼平面布置图

## 预算单

| 序号 | 项目 | 工程量 | 单位 | 单价 | 合价 | 备注 |
|---|---|---|---|---|---|---|
| 一、门厅 | | | | | | |
| 1 | 铲除墙皮 | 21.00 | m² | 2.00 | 42.00 | 墙皮铲除 |
| 2 | 墙面漆（金牌立邦净味全效） | 21.00 | m² | 26.00 | 546.00 | 墙皮铲除后，刷801界面剂。披刮腻子2~3遍，乳胶漆面漆2遍 |
| 3 | 顶面漆（金牌立邦净味全效） | 6.00 | m² | 26.00 | 156.00 | 墙皮铲除后，刷801界面剂。披刮腻子2~3遍，乳胶漆面漆2遍 |
| 4 | 轻钢龙骨石膏板吊顶 | 6.00 | m² | 155.00 | 930.00 | 轻钢龙骨框架、九厘石膏板贴面、按公司工艺施工（详见合同附件），批灰及乳胶漆、布线及灯具安装另计 |
| 5 | 门+套 | 1.00 | 套 | 1650.00 | 1650.00 | 复合实木门 |
| 6 | 鞋橱 | 3.00 | m² | 500.00 | 1500.00 | 细木工板柜体，澳松板饰面，喷白色混油 |
| | 小计 | | | | 4824.00 | |
| 二、客厅 | | | | | | |
| 1 | 铲除墙皮 | 32.00 | m² | 2.00 | 64.00 | 墙皮铲除 |
| 2 | 墙面漆（金牌立邦净味全效） | 32.00 | m² | 26.00 | 832.00 | 墙皮铲除后，刷801界面剂。披刮腻子2~3遍，乳胶漆面漆2遍 |
| 3 | 顶面漆（金牌立邦净味全效） | 21.00 | m² | 26.00 | 546.00 | 墙皮铲除后，刷801界面剂。披刮腻子2~3遍，乳胶漆面漆2遍 |
| 4 | 轻钢龙骨石膏板吊顶 | 8.00 | m² | 155.00 | 1240.00 | 轻钢龙骨框架、九厘石膏板贴面、按公司工艺施工（详见合同附件），批灰及乳胶漆、布线及灯具安装另计 |
| 5 | 顶面木质造型顶 | 9.00 | m² | 245.00 | 2205.00 | 细木工板基层，水曲柳面板饰面，喷色漆 |
| 6 | 电视墙造型 | 9.76 | m² | 420.00 | 4099.20 | 细木工板基层，水曲柳面板饰面，喷色漆 |
| 7 | 木质收口线条 | 14.70 | m | 35.00 | 514.50 | 细木工板框架，澳松板饰面板，喷白色混油 |
| 8 | 基层+不锈钢收口 | 5.93 | m | 35.00 | 207.55 | 细木工板基层+20mm不锈钢收口线条 |
| | 小计 | | | | 9708.25 | |
| 三、餐厅 | | | | | | |
| 1 | 铲除墙皮 | 29.00 | m² | 2.00 | 58.00 | 墙皮铲除 |
| 2 | 墙面漆（金牌立邦净味全效） | 29.00 | m² | 26.00 | 754.00 | 墙皮铲除后，刷801界面剂。披刮腻子2~3遍，乳胶漆面漆2遍 |

| | | | | | | |
|---|---|---|---|---|---|---|
| 3 | 顶面漆（金牌立邦净味全效） | 15.00 | m² | 26.00 | 390.00 | 墙皮铲除后，刷801界面剂。披刮腻子2～3遍，乳胶漆面漆2遍 |
| 4 | 轻钢龙骨石膏板吊顶 | 8.00 | m² | 155.00 | 1240.00 | 轻钢龙骨框架、九厘石膏板贴面、按公司工艺施工（详见合同附件），批灰及乳胶漆、布线及灯具安装另计 |
| 5 | 拱形造型 | 1.00 | 项 | 600.00 | 600.00 | 木龙骨骨架，石膏板饰面 |
| | 小计 | | | | 3042.00 | |
| **四、走廊** | | | | | | |
| 1 | 铲除墙皮 | 34.70 | m² | 2.00 | 69.40 | 墙皮铲除 |
| 2 | 墙面漆（金牌立邦净味全效） | 34.70 | m² | 26.00 | 902.20 | 墙皮铲除后，刷801界面剂。披刮腻子2～3遍，乳胶漆面漆2遍 |
| 3 | 顶面漆（金牌立邦净味全效） | 12.00 | m² | 26.00 | 312.00 | 墙皮铲除后，刷801界面剂。披刮腻子2～3遍，乳胶漆面漆2遍 |
| 4 | 轻钢龙骨石膏板吊顶 | 12.00 | m² | 155.00 | 1860.00 | 轻钢龙骨框架、九厘石膏板贴面、按公司工艺施工（详见合同附件），批灰及乳胶漆、布线及灯具安装另计 |
| 5 | 玄关造型 | 1.00 | 项 | 1200.00 | 1200.00 | 木龙骨骨架，石膏板饰面 |
| | 小计 | | | | 4343.60 | |
| **五、休闲区** | | | | | | |
| 1 | 铲除墙皮 | 24.00 | m² | 2.00 | 48.00 | 墙皮铲除 |
| 2 | 墙面漆（金牌立邦净味全效） | 24.00 | m² | 26.00 | 624.00 | 墙皮铲除后，刷801界面剂。披刮腻子2～3遍，乳胶漆面漆2遍 |
| 3 | 顶面漆（金牌立邦净味全效） | 5.89 | m² | 26.00 | 153.14 | 墙皮铲除后，刷801界面剂。披刮腻子2～3遍，乳胶漆面漆2遍 |
| 4 | 轻钢龙骨石膏板吊顶 | 4.60 | m² | 155.00 | 713.00 | 轻钢龙骨框架、九厘石膏板贴面、按公司工艺施工（详见合同附件），批灰及乳胶漆、布线及灯具安装另计 |
| 5 | 书橱+电脑桌 | 6.67 | m² | 450.00 | 3001.50 | 细木工板基层，澳松板饰面，喷白色混油 |
| 6 | 栅栏造型 | 1.00 | 项 | 1200.00 | 1200.00 | 实木线条造型，喷色漆 |
| | 小计 | | | | 5739.64 | |
| **六、主卧室** | | | | | | |
| 1 | 铲除墙皮 | 34.00 | m² | 2.00 | 68.00 | 墙皮铲除 |

| | | | | | | |
|---|---|---|---|---|---|---|
| 2 | 墙面壁纸基层 | 34.00 | m² | 23.00 | 782.00 | 墙皮铲除后，刷801界面剂。披刮腻子2～3遍 |
| 3 | 顶面漆（金牌立邦净味全效） | 12.36 | m² | 26.00 | 321.36 | 墙皮铲除后，刷801界面剂。披刮腻子2～3遍，乳胶漆面漆2遍 |
| 4 | 轻钢龙骨石膏板吊顶 | 12.36 | m² | 155.00 | 1915.80 | 轻钢龙骨框架、九厘石膏板贴面、按公司工艺施工（详见合同附件），批灰及乳胶漆、布线及灯具安装另计 |
| 5 | 衣橱柜体 | 6.31 | m² | 600.00 | 3786.00 | 细木工板柜体，九厘板做背板，柜体内贴波音软片 |
| 6 | 墙面石膏板造型 | 6.70 | m² | 125.00 | 837.50 | 木龙骨骨架，石膏板饰面 |
| 7 | 门+套 | 1.00 | 套 | 1650.00 | 1650.00 | 复合实木门 |
| | 小计 | | | | 9360.66 | |
| **七、卫生间** | | | | | | |
| 1 | 集成吊顶 | 4.46 | m² | 180.00 | 802.80 | 轻钢龙骨骨架，铝扣板封顶 |
| 2 | 门+套 | 1.00 | 套 | 1650.00 | 1650.00 | 复合实木门 |
| | 小计 | | | | 2452.80 | |
| **八、次卧室1** | | | | | | |
| 1 | 铲除墙皮 | 30.00 | m² | 2.00 | 60.00 | 墙皮铲除 |
| 2 | 墙面漆（金牌立邦净味全效） | 30.00 | m² | 26.00 | 780.00 | 墙皮铲除后，刷801界面剂。披刮腻子2～3遍，乳胶漆面漆2遍 |
| 3 | 顶面漆（金牌立邦净味全效） | 10.33 | m² | 26.00 | 268.58 | 墙皮铲除后，刷801界面剂。披刮腻子2～3遍，乳胶漆面漆2遍 |
| 4 | 轻钢龙骨石膏板吊顶 | 6.17 | m² | 155.00 | 956.35 | 轻钢龙骨框架、九厘石膏板贴面、按公司工艺施工（详见合同附件），批灰及乳胶漆、布线及灯具安装另计 |
| 5 | 衣橱柜体 | 4.32 | m² | 600.00 | 2592.00 | 细木工板柜体，九厘板做背板，柜体内贴波音软片 |
| 6 | 门+套 | 1.00 | 套 | 1650.00 | 1650.00 | 复合实木门 |
| | 小计 | | | | 6306.93 | |
| **九、次卧室2** | | | | | | |
| 1 | 铲除墙皮 | 30.00 | m² | 2.00 | 60.00 | 墙皮铲除 |
| 2 | 墙面漆（金牌立邦净味全效） | 30.00 | m² | 26.00 | 780.00 | 墙皮铲除后，刷801界面剂。披刮腻子2～3遍，乳胶漆面漆2遍 |
| 3 | 顶面漆（金牌立邦净味全效） | 10.90 | m² | 26.00 | 283.40 | 墙皮铲除后，刷801界面剂。披刮腻子2～3遍，乳胶漆面漆2遍 |

我的家装STYLE

| | | | | | | |
|---|---|---|---|---|---|---|
| 4 | 轻钢龙骨石膏板吊顶 | 6.94 | m² | 155.00 | 1075.70 | 轻钢龙骨框架、九厘石膏板贴面、按公司工艺施工（详见合同附件），批灰及乳胶漆、布线及灯具安装另计 |
| 5 | 衣橱柜体 | 4.59 | m² | 600.00 | 2754.00 | 细木工板柜体，九厘板做背板，柜体内贴波音软片 |
| 6 | 门+套 | 1.00 | 套 | 1650.00 | 1650.00 | 复合实木门 |
| 7 | 推拉门套 | 12.00 | m | 125.00 | 1500.00 | 成品门套 |
| | 小计 | | | | 8103.10 | |

**十、阳台**

| | | | | | | |
|---|---|---|---|---|---|---|
| 1 | 铲除墙皮 | 17.00 | m² | 2.00 | 34.00 | 墙皮铲除 |
| 2 | 墙面漆（金牌立邦净味全效） | 17.00 | m² | 26.00 | 442.00 | 墙皮铲除后，刷801界面剂。披刮腻子2～3遍，乳胶漆面漆2遍 |
| 3 | 顶面漆（金牌立邦净味全效） | 6.90 | m² | 26.00 | 179.40 | 墙皮铲除后，刷801界面剂。披刮腻子2～3遍，乳胶漆面漆2遍 |
| | 小计 | | | | 655.40 | |

**十一、卫生间**

| | | | | | | |
|---|---|---|---|---|---|---|
| 1 | 集成吊顶 | 4.00 | m² | 180.00 | 720.00 | 轻钢龙骨骨架，铝扣板封顶 |
| 2 | 门+套 | 1.00 | 套 | 1650.00 | 1650.00 | 复合实木门 |
| | 小计 | | | | 2370.00 | |

**十二、厨房**

| | | | | | | |
|---|---|---|---|---|---|---|
| 1 | 桑拿板吊顶 | 7.30 | m² | 180.00 | 1314.00 | 轻钢龙骨骨架，铝扣板封顶 |
| | 小计 | | | | 1314.00 | |
| | 合计： | | | | 58220.38 | |

**十三、其他**

| | | | | | | |
|---|---|---|---|---|---|---|
| 1 | 安装灯具 | 1.00 | 项 | 600.00 | 600.00 | 仅安装费用不含灯具（甲供灯具） |
| 2 | 垃圾清运 | 1.00 | 项 | 450.00 | 450.00 | 运到物业指定地点（不包含外运） |
| 3 | 电路改造 | 1.00 | 项 | 2200.00 | 2200.00 | 不含开关、插座、灯具等 |
| 4 | 水路改造 | 1.00 | 项 | 2000.00 | 2000.00 | 不含开关、插座、灯具等 |
| 5 | 防水 | 45.00 | m² | 60.00 | 2700.00 | |
| 6 | 墙体拆除费 | 1.00 | 项 | 1200.00 | 1200.00 | |
| | 小计 | | | | 9150.00 | |
| 工程管理费+设计费：(元) | | | | | 6986.00 | 施工费合计×12% |
| 工程直接费用合计：(元) | | | | | 74357.00 | |
| **主材** | | | | | | |
| 1 | 卧室木地板 | 34.23 | m² | 155.00 | 5305.65 | 实木复合木地板 |
| 2 | 800×800地面砖 | 40.13 | m² | 125.00 | 5016.25 | 800×800地面砖 |
| 3 | 地面砖人工费 | 40.13 | m² | 45.00 | 1805.85 | 水泥沙子+人工 |
| 4 | 木地板踢脚线 | 23.00 | m | 20.00 | 460.00 | 成品 |

| 5 | 卫生间地砖 | 8.46 | m² | 90.00 | 761.40 | 300×300防滑砖 |
|---|---|---|---|---|---|---|
| 6 | 人工+辅料 | 8.46 | m² | 45.00 | 380.70 | 水泥沙子+人工 |
| 7 | 卫生间墙砖 | 38.50 | m² | 90.00 | 3465.00 | 300×450瓷砖 |
| 8 | 人工+辅料 | 38.50 | m² | 55.00 | 2117.50 | 水泥沙子+人工 |
| 9 | 厨房地砖 | 7.30 | m² | 90.00 | 657.00 | 300×300防滑砖 |
| 10 | 人工+辅料 | 7.30 | m² | 45.00 | 328.50 | 水泥沙子+人工 |
| 11 | 厨房墙砖 | 24.00 | m² | 90.00 | 2160.00 | 300×450瓷砖 |
| 12 | 人工+辅料 | 24.00 | m² | 55.00 | 1320.00 | 水泥沙子+人工 |
| 13 | 阳台地砖 | 6.90 | m² | 90.00 | 621.00 | 300×300防滑砖 |
| 14 | 人工+辅料 | 6.90 | m² | 55.00 | 379.50 | 水泥沙子+人工 |
| 15 | 整体厨房地柜 | 5.41 | m | 1650.00 | 8926.50 | |
| 16 | 整体厨房吊柜 | 3.00 | m | 600.00 | 1800.00 | |
| 17 | 壁纸 | 10.00 | 卷 | 150.00 | 1500.00 | |
| 18 | 壁纸人工费 | 10.00 | 卷 | 25.00 | 250.00 | |
| 19 | 壁纸胶 | 50.00 | m² | 10.00 | 500.00 | |
| 20 | 厨房推拉门 | 4.00 | m² | 420.00 | 1680.00 | |
| 21 | 卫生间隔断推拉门 | 4.44 | m² | 480.00 | 2131.20 | |
| 22 | 衣橱推拉门 | 11.00 | m² | 380.00 | 4180.00 | |
| 23 | 阳台推拉门 | 4.37 | m² | 420.00 | 1835.40 | |
| | 小计 | | | | 47581.45 | |
| 主材代购费：（元） | | | | | 2379.00 | 主材总价×5% |
| 工程总造价：（元） | | | | | 49961.00 | |
| 最后工程合计总造价：（元） | | | | | 124317.00 | |

### 注意事项

| 温馨提示 | 1.为了维护您的利益,请您不要接受任何的口头承诺。<br>2.计算乳胶漆面积和墙砖面积时,门窗洞口面积减半计算,以上墙漆报价不含特殊墙面处理。<br>3.实际发生项目若与报价单不符,一切以实际发生为准。<br>4.水电施工按实际发生计算（算在增减项内）。电路改造：明走管18元/米；砖墙暗走管26元/米；混凝土暗走管32元/米。水路改造：PPR明走管65元/米；暗走管80元/米。新开槽布底盒4元/个,原有底盒更换2元/个（西蒙）。水电路工程不打折。 |
|---|---|

# 案例6

**项目名称：** 都市花园

**建筑面积：** 352平方米

**设 计 师：** 巫小伟

**房　　型：** 别墅

**主　　材：** 油漆、镜框、造型柱、磨花镜子、波浪板、石膏线、软包、装饰板材、木地板、墙砖、地砖、大理石、整体橱柜等

**工程造价：** 30万

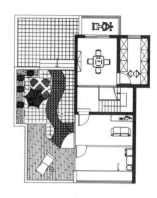

一楼平面布置图

## 设计说明 Explanation

### 都市花园

　　推门而入，门厅即把整个大宅的气度展现得气象万千，穹顶灯池、罗马柱、大理石地面、旋转楼梯、空调排风扇都经过精心的欧式雕花处理，华美典雅的坐椅、水晶灯、精美饰品，小小的门厅不遗余力地诉说着豪宅的气度，奢华与艺术在此水乳交融。

　　门厅与客厅的过渡区间简约却毫不含糊，顶部采用石膏线吊顶，金箔纸贴片，水晶灯、筒灯、隐藏灯带，精心的灯光组合营造出了理想的生活空间。

　　客厅挑高，视野极为开阔，布置甚为紧凑。设计师大量采用了横平竖直的线条来表现空间的张力，壁炉上方采用明镜装饰，延伸了视觉空间。顶部的大型水晶吊灯有效地填补了顶部空间，欧式古典布艺沙发、色彩浓艳的窗帷、台灯、绿色植物等布置无一不是经过了精心挑选的，目的即是打造出一个完美的空间。

二楼平面布置图

三楼平面布置图

## 预算单

| 序号 | 项目 | 工程量 | 单位 | 单价 | 合价 | 备注 |
|---|---|---|---|---|---|---|
| **一楼** | | | | | | |
| **一、门厅+楼梯走廊** | | | | | | |
| 1 | 铲除墙皮 | 25.80 | m² | 2.00 | 51.60 | 墙皮铲除 |
| 2 | 墙面壁纸基层 | 25.80 | m² | 23.00 | 593.40 | 墙皮铲除后，刷801界面剂。披刮腻子2~3遍 |
| 3 | 顶面漆（金牌立邦净味全效） | 19.50 | m² | 26.00 | 507.00 | 墙皮铲除后，刷801界面剂。披刮腻子2~3遍，乳胶漆面漆2遍 |
| 4 | 轻钢龙骨石膏板吊顶 | 19.50 | m² | 155.00 | 3022.50 | 轻钢龙骨框架、九厘石膏板贴面、按公司工艺施工（详见合同附件），批灰及乳胶漆、布线及灯具安装另计 |
| 5 | 欧式石膏线 | 11.00 | m | 35.00 | 385.00 | 欧式石膏线 |
| 6 | 鞋橱造型 | 1.00 | 项 | 2500.00 | 2500.00 | 细木工板柜体，澳松板饰面，喷白色混油 |
| 7 | 玄关造型 | 5.50 | m² | 450.00 | 2475.00 | 细木工板柜体，澳松板饰面，喷白色混油 |
| 8 | 柱子造型 | 3.00 | 跟 | 650.00 | 1950.00 | 细木工板柜体，澳松板饰面，喷白色混油 |
| 9 | 欧式镜框线 | 4.58 | m | 55.00 | 251.90 | 成品欧式镜框线 |
| 10 | 磨花镜子 | 1.14 | m | 185.00 | 210.90 | 5mm磨花镜子 |
| 11 | 门+套（字母门） | 1.00 | 套 | 2150.00 | 2150.00 | 实木复合门 |
| | 小计 | | | | 14097.30 | |
| **二、客厅** | | | | | | |
| 1 | 铲除墙皮 | 45.00 | m² | 2.00 | 90.00 | 墙皮铲除 |
| 2 | 墙面壁纸基层 | 45.00 | m² | 23.00 | 1035.00 | 墙皮铲除后，刷801界面剂。披刮腻子2~3遍 |
| 3 | 顶面漆（金牌立邦净味全效） | 21.00 | m² | 26.00 | 546.00 | 墙皮铲除后，刷801界面剂。披刮腻子2~3遍，乳胶漆面漆2遍 |
| 4 | 轻钢龙骨石膏板吊顶 | 21.00 | m² | 155.00 | 3255.00 | 轻钢龙骨框架、九厘石膏板贴面、按公司工艺施工（详见合同附件），批灰及乳胶漆、布线及灯具安装另计 |
| 5 | 欧式石膏线 | 47.00 | m | 35.00 | 1645.00 | 欧式石膏线 |
| 6 | 墙面木质造型 | 7.90 | m² | 420.00 | 3318.00 | 细木工板框架，澳松板饰面板，喷白色混油 |
| 7 | 欧式罗马柱造型 | 2.00 | 跟 | 850.00 | 1700.00 | 石膏罗马柱 |
| 8 | 欧式构件 | 1.00 | 项 | 500.00 | 500.00 | 成品 |
| 9 | 欧式镜框线 | 38.90 | m | 55.00 | 2139.50 | 成品欧式镜框线 |
| 10 | 磨花镜子 | 5.60 | m | 185.00 | 1036.00 | 5mm磨花镜子 |
| 11 | 白色波浪板 | 1.70 | m² | 350.00 | 595.00 | 成品 |
| | 小计 | | | | 15859.50 | |

## 三、餐厅

| | | | | | | |
|---|---|---|---|---|---|---|
| 1 | 铲除墙皮 | 26.90 | m² | 2.00 | 53.80 | 墙皮铲除 |
| 2 | 墙面壁纸基层 | 26.90 | m² | 23.00 | 618.70 | 墙皮铲除后，刷801界面剂。披刮腻子2~3遍 |
| 3 | 顶面漆（金牌立邦净味全效） | 13.20 | m² | 26.00 | 343.20 | 墙皮铲除后，刷801界面剂。披刮腻子2~3遍，乳胶漆面漆2遍 |
| 4 | 轻钢龙骨石膏板吊顶 | 13.20 | m² | 155.00 | 2046.00 | 轻钢龙骨框架、九厘石膏板贴面、按公司工艺施工（详见合同附件），批灰及乳胶漆、布线及灯具安装另计 |
| 5 | 欧式石膏线 | 19.00 | m | 35.00 | 665.00 | 欧式石膏线 |
| 6 | 柱子造型 | 1.00 | 跟 | 650.00 | 650.00 | 细木工板柜体，澳松板饰面，喷白色混油 |
| 7 | 推拉门套 | 13.60 | m | 125.00 | 1700.00 | 实木复合 |
| | 小计 | | | | 6076.70 | |

## 四、走廊

| | | | | | | |
|---|---|---|---|---|---|---|
| 1 | 铲除墙皮 | 8.90 | m² | 2.00 | 17.80 | 墙皮铲除 |
| 2 | 墙面壁纸基层 | 8.90 | m² | 23.00 | 204.70 | 墙皮铲除后，刷801界面剂。披刮腻子2~3遍 |
| 3 | 顶面漆（金牌立邦净味全效） | 4.13 | m² | 26.00 | 107.38 | 墙皮铲除后，刷801界面剂。披刮腻子2~3遍，乳胶漆面漆2遍 |
| 4 | 轻钢龙骨石膏板吊顶 | 4.13 | m² | 155.00 | 640.15 | 轻钢龙骨框架、九厘石膏板贴面、按公司工艺施工（详见合同附件），批灰及乳胶漆、布线及灯具安装另计 |
| 5 | 欧式石膏线 | 7.06 | m | 35.00 | 247.10 | 欧式石膏线 |
| 6 | 玄关造型 | 2.70 | m² | 165.00 | 445.50 | 木龙骨骨架，石膏板饰面 |
| 7 | 柜子 | 1.00 | 项 | 800.00 | 800.00 | 细木工板柜体，澳松板饰面，喷白色混油 |
| | 小计 | | | | 2462.63 | |

## 五、储藏间

| | | | | | | |
|---|---|---|---|---|---|---|
| 1 | 铲除墙皮 | 16.90 | m² | 2.00 | 33.80 | 墙皮铲除 |
| 2 | 墙面壁纸基层 | 16.90 | m² | 23.00 | 388.70 | 墙皮铲除后，刷801界面剂。披刮腻子2~3遍 |
| 3 | 顶面漆（金牌立邦净味全效） | 6.49 | m² | 26.00 | 168.74 | 墙皮铲除后，刷801界面剂。披刮腻子2~3遍，乳胶漆面漆2遍 |
| 4 | 轻钢龙骨石膏板吊顶 | 6.49 | m² | 155.00 | 1005.95 | 轻钢龙骨框架、九厘石膏板贴面、按公司工艺施工（详见合同附件），批灰及乳胶漆、布线及灯具安装另计 |
| 5 | 衣橱柜体 | 18.60 | m² | 600.00 | 11160.00 | 细木工板柜体，九厘板做背板，柜体内贴波音软片 |
| 6 | 门+套 | 1.00 | 套 | 1650.00 | 1650.00 | 实木复合门 |
| | 小计 | | | | 14407.19 | |

## 六、客卧室

| | | | | | | |
|---|---|---|---|---|---|---|
| 1 | 铲除墙皮 | 32.00 | m² | 2.00 | 64.00 | 墙皮铲除 |
| 2 | 墙面壁纸基层 | 32.00 | m² | 23.00 | 736.00 | 墙皮铲除后，刷801界面剂。披刮腻子2~3遍， |
| 3 | 顶面漆（金牌立邦净味全效） | 16.22 | m² | 26.00 | 421.72 | 墙皮铲除后，刷801界面剂。披刮腻子2~3遍，乳胶漆面漆2遍 |
| 4 | 轻钢龙骨石膏板吊顶 | 16.22 | m² | 155.00 | 2514.10 | 轻钢龙骨框架、九厘石膏板贴面、按公司工艺施工（详见合同附件），批灰及乳胶漆、布线及灯具安装另计 |
| 5 | 欧式石膏线 | 9.76 | m | 35.00 | 341.60 | 欧式石膏线 |
| 6 | 欧式镜框线 | 25.00 | m | 55.00 | 1375.00 | 成品镜框线 |
| 7 | 墙面木质造型 | 3.60 | m² | 420.00 | 1512.00 | 细木工板框架，澳松板饰面板，喷白色混油 |
| 8 | 门+套 | 1.00 | 套 | 1650.00 | 1650.00 | 实木复合门 |
| | 小计 | | | | 8614.42 | |

## 七、客卫生间

| | | | | | | |
|---|---|---|---|---|---|---|
| 1 | 集成吊顶 | 6.49 | m² | 180.00 | 1168.20 | 轻钢龙骨骨架，铝扣板封顶 |
| 2 | 玻璃隔断 | 3.00 | m² | 380.00 | 1140.00 | 钢化清玻璃 |
| 3 | 门+套 | 1.00 | 套 | 1650.00 | 1650.00 | 实木复合门 |
| | 小计 | | | | 3958.20 | |

## 八、厨房

| | | | | | | |
|---|---|---|---|---|---|---|
| 1 | 集成吊顶 | 10.03 | m² | 180.00 | 1805.40 | 轻钢龙骨骨架，铝扣板封顶 |
| | 小计 | | | | 1805.40 | |
| | 合计： | | | | 67281.34 | |

## 二楼

### 一、休闲区

| | | | | | | |
|---|---|---|---|---|---|---|
| 1 | 铲除墙皮 | 23.00 | m² | 2.00 | 46.00 | 墙皮铲除 |
| 2 | 墙面壁纸基层 | 23.00 | m² | 23.00 | 529.00 | 墙皮铲除后，刷801界面剂。披刮腻子2~3遍 |
| 3 | 顶面漆（金牌立邦净味全效） | 11.90 | m² | 26.00 | 309.40 | 墙皮铲除后，刷801界面剂。披刮腻子2~3遍，乳胶漆面漆2遍 |
| 4 | 轻钢龙骨石膏板吊顶 | 11.90 | m² | 155.00 | 1844.50 | 轻钢龙骨框架、九厘石膏板贴面、按公司工艺施工（详见合同附件），批灰及乳胶漆、布线及灯具安装另计 |
| 5 | 欧式石膏线 | 10.00 | m | 35.00 | 350.00 | 欧式石膏线 |
| 6 | 玄关造型 | 3.20 | m² | 450.00 | 1440.00 | 细木工板柜体，澳松板饰面，喷白色混油 |
| 7 | 柱子造型 | 2.00 | 跟 | 650.00 | 1300.00 | 细木工板柜体，澳松板饰面，喷白色混油 |
| 8 | 欧式镜框线 | 4.58 | m | 55.00 | 251.90 | 成品欧式镜框线 |
| 9 | 磨花镜子 | 1.14 | m | 185.00 | 210.90 | 5mm磨花镜子 |
| | 小计 | | | | 6281.70 | |

| | | | | | | |
|---|---|---|---|---|---|---|
| **二、主卧室** | | | | | | |
| 1 | 铲除墙皮 | 32.40 | m² | 2.00 | 64.80 | 墙皮铲除 |
| 2 | 墙面壁纸基层 | 32.40 | m² | 23.00 | 745.20 | 墙皮铲除后，刷801界面剂。披刮腻子2～3遍， |
| 3 | 顶面漆（金牌立邦净味全效） | 18.00 | m² | 26.00 | 468.00 | 墙皮铲除后，刷801界面剂。披刮腻子2～3遍，乳胶漆面漆2遍 |
| 4 | 轻钢龙骨石膏板吊顶 | 18.00 | m² | 155.00 | 2790.00 | 轻钢龙骨框架、九厘石膏板贴面、按公司工艺施工（详见合同附件），批灰及乳胶漆、布线及灯具安装另计 |
| 5 | 欧式石膏线 | 29.00 | m | 35.00 | 1015.00 | 欧式石膏线 |
| 6 | 欧式镜框线 | 16.00 | m | 55.00 | 880.00 | 成品镜框线 |
| 7 | 墙面木质造型 | 4.50 | m² | 420.00 | 1890.00 | 细木工板框架，澳松板饰面板，喷白色混油 |
| 8 | 软包 | 6.30 | m² | 380.00 | 2394.00 | 成品 |
| 9 | 门+套 | 1.00 | 套 | 1650.00 | 1650.00 | 实木复合门 |
| | 小计 | | | | 11897.00 | |
| **三、主卧卫生间** | | | | | | |
| 1 | 集成吊顶 | 7.90 | m² | 180.00 | 1422.00 | 轻钢龙骨骨架，铝扣板封顶 |
| 2 | 玻璃隔断 | 12.00 | m² | 280.00 | 3360.00 | 墙皮铲除后，刷801界面剂。披刮腻子2～3遍，乳胶漆面漆2遍 |
| | 小计 | | | | 4782.00 | |
| **四、主卧衣帽间** | | | | | | |
| 1 | 铲除墙皮 | 15.00 | m² | 2.00 | 30.00 | 墙皮铲除 |
| 2 | 墙面壁纸基层 | 15.00 | m² | 23.00 | 345.00 | 墙皮铲除后，刷801界面剂。披刮腻子2～3遍， |
| 3 | 顶面漆（金牌立邦净味全效） | 2.83 | m² | 26.00 | 73.58 | 墙皮铲除后，刷801界面剂。披刮腻子2～3遍，乳胶漆面漆2遍 |
| 4 | 轻钢龙骨石膏板吊顶 | 2.83 | m² | 155.00 | 438.65 | 轻钢龙骨框架、九厘石膏板贴面、按公司工艺施工（详见合同附件），批灰及乳胶漆、布线及灯具安装另计 |
| 5 | 衣橱柜体 | 8.26 | m² | 600.00 | 4956.00 | 细木工板柜体，九厘板做背板，柜内贴波音软片 |
| 6 | 石膏板隔墙 | 4.89 | m² | 125.00 | 611.25 | 木龙骨骨架，石膏板饰面 |
| 7 | 门+套 | 1.00 | 套 | 1650.00 | 1650.00 | 实木复合门 |
| | 小计 | | | | 8104.48 | |
| **五、客卫生间** | | | | | | |
| 1 | 集成吊顶 | 2.27 | m² | 180.00 | 408.60 | 轻钢龙骨骨架，铝扣板封顶 |
| 2 | 门+套 | 1.00 | 套 | 1650.00 | 1650.00 | 实木复合门 |
| | 小计 | | | | 2058.60 | |
| **六、书房** | | | | | | |
| 1 | 铲除墙皮 | 35.00 | m² | 2.00 | 70.00 | 墙皮铲除 |

| | | | | | | |
|---|---|---|---|---|---|---|
| 2 | 墙面壁纸基层 | 35.00 | m² | 23.00 | 805.00 | 墙皮铲除后，刷801界面剂。披刮腻子2~3遍， |
| 3 | 顶面漆（金牌立邦净味全效） | 13.40 | m² | 26.00 | 348.40 | 墙皮铲除后，刷801界面剂。披刮腻子2~3遍，乳胶漆面漆2遍 |
| 4 | 轻钢龙骨石膏板吊顶 | 6.60 | m² | 155.00 | 1023.00 | 轻钢龙骨框架、九厘石膏板贴面、按公司工艺施工（详见合同附件），批灰及乳胶漆、布线及灯具安装另计 |
| 5 | 欧式石膏线 | 9.85 | m | 35.00 | 344.75 | 欧式石膏线 |
| 6 | 衣橱柜体 | 4.60 | m² | 600.00 | 2760.00 | 细木工板柜体，九厘板做背板，柜体内贴波音软片 |
| 7 | 门+套 | 1.00 | 套 | 1650.00 | 1650.00 | 实木复合门 |
| | 小计 | | | | 7001.15 | |
| **七、儿童房** | | | | | | |
| 1 | 铲除墙皮 | 36.90 | m² | 2.00 | 73.80 | 墙皮铲除 |
| 2 | 墙面壁纸基层 | 36.90 | m² | 23.00 | 848.70 | 墙皮铲除后，刷801界面剂。披刮腻子2~3遍， |
| 3 | 顶面漆（金牌立邦净味全效） | 15.00 | m² | 26.00 | 390.00 | 墙皮铲除后，刷801界面剂。披刮腻子2~3遍，乳胶漆面漆2遍 |
| 4 | 轻钢龙骨石膏板吊顶 | 15.00 | m² | 155.00 | 2325.00 | 轻钢龙骨框架、九厘石膏板贴面、按公司工艺施工（详见合同附件），批灰及乳胶漆、布线及灯具安装另计 |
| 5 | 欧式石膏线 | 22.00 | m | 35.00 | 770.00 | 欧式石膏线 |
| 6 | 门+套 | 1.00 | 套 | 1650.00 | 1650.00 | 实木复合门 |
| | 小计 | | | | 6057.50 | |
| **八、走廊** | | | | | | |
| 1 | 铲除墙皮 | 8.90 | m² | 2.00 | 17.80 | 墙皮铲除 |
| 2 | 墙面壁纸基层 | 8.90 | m² | 23.00 | 204.70 | 墙皮铲除后，刷801界面剂。披刮腻子2~3遍， |
| 3 | 顶面漆（金牌立邦净味全效） | 4.13 | m² | 26.00 | 107.38 | 墙皮铲除后，刷801界面剂。披刮腻子2~3遍，乳胶漆面漆2遍 |
| 4 | 轻钢龙骨石膏板吊顶 | 4.13 | m² | 155.00 | 640.15 | 轻钢龙骨框架、九厘石膏板贴面、按公司工艺施工（详见合同附件），批灰及乳胶漆、布线及灯具安装另计 |
| 5 | 欧式石膏线 | 7.06 | m | 35.00 | 247.10 | 欧式石膏线 |
| 6 | 玄关造型 | 2.70 | m² | 165.00 | 445.50 | 木龙骨骨架，石膏板饰面 |
| | 小计 | | | | 1662.63 | |
| | 合计： | | | | 47845.06 | |
| **三楼** | | | | | | |
| **一、活动室** | | | | | | |
| 1 | 铲除墙皮 | 23.00 | m² | 2.00 | 46.00 | 墙皮铲除 |
| 2 | 墙面壁纸基层 | 23.00 | m² | 23.00 | 529.00 | 墙皮铲除后，刷801界面剂。披刮腻子2~3遍， |

| | | | | | | |
|---|---|---|---|---|---|---|
| 3 | 顶面漆（金牌立邦净味全效） | 12.24 | m² | 26.00 | 318.24 | 墙皮铲除后，刷801界面剂。披刮腻子2～3遍，乳胶漆面漆2遍 |
| 4 | 轻钢龙骨石膏板吊顶 | 7.40 | m² | 155.00 | 1147.00 | 轻钢龙骨框架、九厘石膏板贴面、按公司工艺施工（详见合同附件），批灰及乳胶漆、布线及灯具安装另计 |
| 5 | 欧式石膏线 | 8.33 | m | 35.00 | 291.55 | 欧式石膏线 |
| 6 | 推拉门套 | 12.00 | m | 125.00 | 1500.00 | 实木复合 |
| | 小计 | | | | 3831.79 | |
| **二、衣帽间** | | | | | | |
| 1 | 铲除墙皮 | 13.50 | m² | 2.00 | 27.00 | 墙皮铲除 |
| 2 | 墙面壁纸基层 | 13.50 | m² | 23.00 | 310.50 | 墙皮铲除后，刷801界面剂。披刮腻子2～3遍， |
| 3 | 顶面漆（金牌立邦净味全效） | 8.40 | m² | 26.00 | 218.40 | 墙皮铲除后，刷801界面剂。披刮腻子2～3遍，乳胶漆面漆2遍 |
| 4 | 轻钢龙骨石膏板吊顶 | 8.40 | m² | 155.00 | 1302.00 | 轻钢龙骨框架、九厘石膏板贴面、按公司工艺施工（详见合同附件），批灰及乳胶漆、布线及灯具安装另计 |
| 5 | 衣橱柜体 | 11.00 | m² | 600.00 | 6600.00 | 细木工板柜体，九厘板做背板，柜体内贴波音软片 |
| 6 | 门+套 | 1.00 | 套 | 1650.00 | 1650.00 | 实木复合门 |
| | 小计 | | | | 10107.90 | |
| **三、楼梯间** | | | | | | |
| 1 | 铲除墙皮 | 26.00 | m² | 2.00 | 52.00 | 墙皮铲除 |
| 2 | 墙面壁纸基层 | 26.00 | m² | 23.00 | 598.00 | 墙皮铲除后，刷801界面剂。披刮腻子2～3遍 |
| 3 | 顶面漆（金牌立邦净味全效） | 8.94 | m² | 26.00 | 232.44 | 墙皮铲除后，刷801界面剂。披刮腻子2～3遍，乳胶漆面漆2遍 |
| 4 | 轻钢龙骨石膏板吊顶 | 4.50 | m² | 155.00 | 697.50 | 轻钢龙骨框架、九厘石膏板贴面、按公司工艺施工（详见合同附件），批灰及乳胶漆、布线及灯具安装另计 |
| 5 | 欧式石膏线 | 16.00 | m | 35.00 | 560.00 | 欧式石膏线 |
| 6 | 门+套 | 1.00 | 套 | 1650.00 | 1650.00 | 实木复合门 |
| | 小计 | | | | 3789.94 | |
| **四、洗衣房** | | | | | | |
| 1 | 铲除墙皮 | 26.00 | m² | 2.00 | 52.00 | 墙皮铲除 |
| 2 | 墙面壁纸基层 | 26.00 | m² | 23.00 | 598.00 | 墙皮铲除后，刷801界面剂。披刮腻子2～3遍 |
| 3 | 顶面漆（金牌立邦净味全效） | 8.94 | m² | 26.00 | 232.44 | 墙皮铲除后，刷801界面剂。披刮腻子2～3遍，乳胶漆面漆2遍 |
| 4 | 玻璃隔断 | 21.00 | m² | 280.00 | 5880.00 | 墙皮铲除后，刷801界面剂。披刮腻子2～3遍，乳胶漆面漆2遍 |
| | 小计 | | | | 6762.44 | |

## 五、阳台

| | | | | | | |
|---|---|---|---|---|---|---|
| 1 | 地台 | 12.00 | m² | 210.00 | 2520.00 | 细木工板框架，澳松板饰面板，喷白色混油 |
| | 小计 | | | | 2520.00 | |
| | 合计： | | | | 27012.07 | |
| | 合计： | | | | 142138.47 | |

## 六、其他

| | | | | | | |
|---|---|---|---|---|---|---|
| 1 | 安装灯具 | 1.00 | 项 | 1200.00 | 1200.00 | 仅安装费用不含灯具（甲供灯具） |
| 2 | 垃圾清运 | 1.00 | 项 | 800.00 | 800.00 | 运到物业指定地点（不包含外运） |
| 3 | 电路改造 | 1.00 | 项 | 6500.00 | 6500.00 | 不含开关、插座、灯具等 |
| 4 | 水路改造 | 1.00 | 项 | 3500.00 | 3500.00 | 不含开关、插座、灯具等 |
| 5 | 防水 | 65.00 | m² | 60.00 | 3900.00 | |
| 6 | 墙体拆除费 | 30.00 | m² | 50.00 | 1500.00 | |
| 7 | 砌墙 | 1.00 | 项 | 600.00 | 600.00 | 红砖砌墙 |
| | 小计 | | | | 18000.00 | |
| **工程管理费+设计费：（元）** | | | | | 17057.00 | 施工费合计×12% |
| **工程直接费用合计：（元）** | | | | | 177195.00 | |

### 主材

| | | | | | | |
|---|---|---|---|---|---|---|
| 1 | 卧室木地板 | 78.90 | m² | 155.00 | 12229.50 | 实木复合木地板 |
| 2 | 800×800地面砖 | 87.00 | m² | 125.00 | 10875.00 | 800×800地面砖 |
| 3 | 地面砖人工费 | 87.00 | m² | 45.00 | 3915.00 | 水泥沙子+人工 |
| 4 | 木地板踢脚线 | 54.00 | m | 20.00 | 1080.00 | 成品 |
| 5 | 卫生间地砖 | 21.00 | m² | 90.00 | 1890.00 | 300×300防滑砖 |
| 6 | 人工+辅料 | 21.00 | m² | 45.00 | 945.00 | 水泥沙子+人工 |
| 7 | 卫生间墙砖 | 54.00 | m² | 90.00 | 4860.00 | 300×450瓷砖 |
| 8 | 人工+辅料 | 54.00 | m² | 55.00 | 2970.00 | 水泥沙子+人工 |
| 9 | 厨房地砖 | 10.03 | m² | 90.00 | 902.70 | 300×300防滑砖 |
| 10 | 人工+辅料 | 10.03 | m² | 45.00 | 451.35 | 水泥沙子+人工 |
| 11 | 厨房墙砖 | 27.50 | m² | 90.00 | 2475.00 | 300×450瓷砖 |
| 12 | 人工+辅料 | 27.50 | m² | 55.00 | 1512.50 | 水泥沙子+人工 |
| 13 | 阳台地砖 | 45.00 | m² | 90.00 | 4050.00 | 300×300防滑砖 |
| 14 | 人工+辅料 | 45.00 | m² | 55.00 | 2475.00 | 水泥沙子+人工 |
| 15 | 地面自流平 | 78.90 | m² | 35.00 | 2761.50 | 地面找平 |
| 16 | 鹅卵石 | 11.80 | m² | 350.00 | 4130.00 | |
| 17 | 防腐木 | 7.42 | m² | 480.00 | 3561.60 | 防腐木面刷防腐漆 |
| 18 | 窗台板大理石 | 12.00 | m² | 380.00 | 4560.00 | |
| 19 | 窗台板安装费 | 12.00 | m² | 55.00 | 660.00 | |
| 20 | 窗台板磨边 | 25.00 | m | 18.00 | 450.00 | |
| 21 | 整体厨房橱柜 | 8.00 | m | 1650.00 | 13200.00 | |
| 22 | 整体厨房吊柜 | 5.00 | m | 600.00 | 3000.00 | |
| 23 | 壁纸 | 85.00 | 卷 | 150.00 | 12750.00 | |

| 24 | 壁纸人工费 | 85.00 | 卷 | 25.00 | 2125.00 | |
|----|----------|-------|----|--------|---------|---|
| 25 | 壁纸胶 | 425.00 | m² | 10.00 | 4250.00 | |
| 26 | 厨房推拉门 | 4.60 | m² | 420.00 | 1932.00 | |
| 27 | 卫生间隔断推拉门 | 4.44 | m² | 480.00 | 2131.20 | |
| 28 | 衣橱推拉门 | 35.80 | m² | 380.00 | 13604.00 | |
| 29 | 阳台推拉门 | 4.37 | m² | 420.00 | 1835.40 | |
| | 小计 | | | | 121581.75 | |
| **主材代购费：（元）** | | | | | 6079.00 | 主材总价×% |
| **工程总造价：（元）** | | | | | 127661.00 | |
| **最后工程合计总造价：（元）** | | | | | 304856.00 | |

| | 注意事项 |
|---|---|
| **温馨提示** | 1.为了维护您的利益,请您不要接受任何的口头承诺。<br>2.计算乳胶漆面积和墙砖面积时,门窗洞口面积减半计算,以上墙漆报价不含特殊墙面处理。<br>3.实际发生项目若与报价单不符,一切以实际发生为准。<br>4.水电施工按实际发生计算（算在增减项内）。电路改造:明走管18元/米;砖墙暗走管26元/米;混凝土暗走管32元/米。水路改造:PPR明走管65元/米;暗走管80元/米。新开槽布底盒4元/个,原有底盒更换2元/个（西蒙）。水电路工程不打折。 |

# 案例7

**项目名称：**悠境

**建筑面积：**150平方米

**设 计 师：**刘耀成、罗学明、木木、杨顶、吕志强

**房　　型：**四室二厅

**主　　材：**油漆、石膏板、马赛克、大理石、软包、镜面、镜框、木地板、墙砖、地砖、整体橱柜等

**工程造价：**16.7万

原始平面图

## 悠境

　　自然光源的引用是不可或缺的，它可以带给人身心的融合，沐浴其间更容易产生时间的错觉。我们可以通过购置一些象形的家具，或者选择一些芳香植物，或者通过改变居室窗户的结构，甚至形状，来控制室内光影的形态。在这样的时刻，你就会忘记时间的存在，心境也就自然舒缓下来了。打造一个让人遗忘掉时间的居室环境，能带给你一种零时差的自在感觉。不管室外的风景是多么美丽，家才是最美的风景。

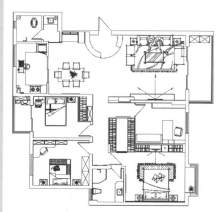

平面布置图

| | | | | | | 预算单 | |
|---|---|---|---|---|---|---|---|

| 序号 | 项目 | 工程量 | 单位 | 单价 | 合价 | 备注 |
|---|---|---|---|---|---|---|
| **一、门厅+走廊** | | | | | | |
| 1 | 铲除墙皮 | 10.00 | m² | 2.00 | 20.00 | 墙皮铲除 |
| 2 | 墙面漆（金牌立邦净味全效） | 10.00 | m² | 26.00 | 260.00 | 墙皮铲除后，刷801界面剂。披刮腻子2～3遍，乳胶漆面漆2遍 |
| 3 | 顶面漆（金牌立邦净味全效） | 12.00 | m² | 26.00 | 312.00 | 墙皮铲除后，刷801界面剂。披刮腻子2～3遍，乳胶漆面漆2遍 |
| 4 | 轻钢龙骨石膏板吊顶 | 6.00 | m² | 155.00 | 930.00 | 轻钢龙骨框架、九厘石膏板贴面、按公司工艺施工（详见合同附件），批灰及乳胶漆、布线及灯具安装另计 |
| 5 | 帘子 | 1.00 | 项 | 1500.00 | 1500.00 | 成品 |
| 6 | 鞋橱造型 | 1.00 | 项 | 1200.00 | 1200.00 | 细木工板柜体，枫木饰面板饰面，喷清油 |
| 7 | 门+套 | 1.00 | 套 | 1650.00 | 1650.00 | 实木复合门 |
| | 小计 | | | | 5872.00 | |
| **二、客厅** | | | | | | |
| 1 | 铲除墙皮 | 32.00 | m² | 2.00 | 64.00 | 墙皮铲除 |
| 2 | 墙面漆（金牌立邦净味全效） | 32.00 | m² | 26.00 | 832.00 | 墙皮铲除后，刷801界面剂。披刮腻子2～3遍，乳胶漆面漆2遍 |
| 3 | 顶面漆（金牌立邦净味全效） | 25.60 | m² | 26.00 | 665.60 | 墙皮铲除后，刷801界面剂。披刮腻子2～3遍，乳胶漆面漆2遍 |
| 4 | 轻钢龙骨石膏板吊顶 | 6.00 | m² | 155.00 | 930.00 | 轻钢龙骨框架、九厘石膏板贴面、按公司工艺施工（详见合同附件），批灰及乳胶漆、布线及灯具安装另计 |
| 5 | 窗帘盒 | 4.50 | m | 85.00 | 382.50 | 细木工板基层，石膏板饰面 |
| 6 | 墙面大理石、马赛克基层 | 16.50 | m² | 125.00 | 2062.50 | 细木工板框架 |
| 7 | 电视柜 | 3.20 | m | 600.00 | 1920.00 | 细木工板柜体，枫木饰面板饰面，喷清油 |
| 8 | 花格 | 2.50 | m² | 320.00 | 800.00 | 成品 |
| | 小计 | | | | 7656.60 | |

## 三、餐厅

| | | | | | | |
|---|---|---|---|---|---|---|
| 1 | 铲除墙皮 | 26.90 | m² | 2.00 | 53.80 | 墙皮铲除 |
| 2 | 墙面漆（金牌立邦净味全效） | 26.90 | m² | 26.00 | 699.40 | 墙皮铲除后，刷801界面剂。披刮腻子2~3遍，乳胶漆面漆2遍 |
| 3 | 顶面漆（金牌立邦净味全效） | 15.00 | m² | 26.00 | 390.00 | 墙皮铲除后，刷801界面剂。披刮腻子2~3遍，乳胶漆面漆2遍 |
| 4 | 轻钢龙骨石膏板吊顶 | 6.40 | m² | 155.00 | 992.00 | 轻钢龙骨框架、九厘石膏板贴面、按公司工艺施工（详见合同附件），批灰及乳胶漆、布线及灯具安装另计 |
| 5 | 酒柜 | 4.50 | m² | 450.00 | 2025.00 | 细木工板柜体，枫木饰面板饰面，喷清油 |
| 6 | 推拉门套 | 12.30 | m | 125.00 | 1537.50 | 实木复合 |
| | 小计 | | | | 5697.70 | |

## 四、走廊

| | | | | | | |
|---|---|---|---|---|---|---|
| 1 | 铲除墙皮 | 24.70 | m² | 2.00 | 49.40 | 墙皮铲除 |
| 2 | 墙面漆（金牌立邦净味全效） | 24.70 | m² | 26.00 | 642.20 | 墙皮铲除后，刷801界面剂。披刮腻子2~3遍，乳胶漆面漆2遍 |
| 3 | 顶面漆（金牌立邦净味全效） | 11.30 | m² | 26.00 | 293.80 | 墙皮铲除后，刷801界面剂。披刮腻子2~3遍，乳胶漆面漆2遍 |
| 4 | 轻钢龙骨石膏板吊顶 | 11.30 | m² | 155.00 | 1751.50 | 轻钢龙骨框架、九厘石膏板贴面、按公司工艺施工（详见合同附件），批灰及乳胶漆、布线及灯具安装另计 |
| 5 | 走廊柜 | 4.50 | m² | 600.00 | 2700.00 | 细木工板柜体，枫木饰面板饰面，喷清油 |
| | 小计 | | | | 5436.90 | |

## 五、储藏间

| | | | | | | |
|---|---|---|---|---|---|---|
| 1 | 铲除墙皮 | 14.50 | m² | 2.00 | 29.00 | 墙皮铲除 |
| 2 | 墙面漆（金牌立邦净味全效） | 14.50 | m² | 26.00 | 377.00 | 墙皮铲除后，刷801界面剂。披刮腻子2~3遍，乳胶漆面漆2遍 |
| 3 | 顶面漆（金牌立邦净味全效） | 5.00 | m² | 26.00 | 130.00 | 墙皮铲除后，刷801界面剂。披刮腻子2~3遍，乳胶漆面漆2遍 |

| | | | | | | |
|---|---|---|---|---|---|---|
| 4 | 轻钢龙骨石膏板吊顶 | 5.00 | m² | 155.00 | 775.00 | 轻钢龙骨框架、九厘石膏板贴面、按公司工艺施工（详见合同附件），批灰及乳胶漆、布线及灯具安装另计 |
| 5 | 衣橱柜体 | 12.40 | m² | 600.00 | 7440.00 | 细木工板柜体，九厘板做背板，柜体内贴波音软片 |
| 6 | 门+套 | 1.00 | 套 | 1650.00 | 1650.00 | 实木复合门 |
| | 小计 | | | | 10401.00 | |
| **六、主卧室** | | | | | | |
| 1 | 铲除墙皮 | 35.00 | m² | 2.00 | 70.00 | 墙皮铲除 |
| 2 | 墙面漆（金牌立邦净味全效） | 35.00 | m² | 26.00 | 910.00 | 墙皮铲除后，刷801界面剂。披刮腻子2～3遍，乳胶漆面漆2遍 |
| 3 | 顶面漆（金牌立邦净味全效） | 13.50 | m² | 26.00 | 351.00 | 墙皮铲除后，刷801界面剂。披刮腻子2～3遍，乳胶漆面漆2遍 |
| 4 | 轻钢龙骨石膏板吊顶 | 4.00 | m² | 155.00 | 620.00 | 轻钢龙骨框架、九厘石膏板贴面、按公司工艺施工（详见合同附件），批灰及乳胶漆、布线及灯具安装另计 |
| 5 | 衣橱柜体 | 10.00 | m² | 600.00 | 6000.00 | 细木工板柜体，九厘板做背板，柜体内贴波音软片 |
| 6 | 衣橱柜门 | 10.00 | m² | 250.00 | 2500.00 | 细木工板框架，枫木饰面板饰面，喷清漆 |
| 7 | 软包 | 6.00 | m² | 280.00 | 1680.00 | 成品软包 |
| 8 | 镜框线 | 21.00 | m | 55.00 | 1155.00 | 成品镜框线 |
| 9 | 金色镜片 | 5.00 | m² | 155.00 | 775.00 | 5mm车边金镜 |
| 10 | 门+套 | 1.00 | 套 | 1650.00 | 1650.00 | 实木复合门 |
| | 小计 | | | | 15711.00 | |
| **七、主卧卫生间** | | | | | | |
| 1 | 集成吊顶 | 4.50 | m² | 180.00 | 810.00 | 轻钢龙骨骨架，铝扣板封顶 |
| 2 | 门+套 | 1.00 | 套 | 1650.00 | 1650.00 | 实木复合门 |
| | 小计 | | | | 2460.00 | |
| **八、次卧室** | | | | | | |
| 1 | 铲除墙皮 | 32.00 | m² | 2.00 | 64.00 | 墙皮铲除 |

| | | | | | | |
|---|---|---|---|---|---|---|
| 2 | 墙面漆（金牌立邦净味全效） | 32.00 | m² | 26.00 | 832.00 | 墙皮铲除后，刷801界面剂。披刮腻子2~3遍，乳胶漆面漆2遍 |
| 3 | 顶面漆（金牌立邦净味全效） | 12.00 | m² | 26.00 | 312.00 | 墙皮铲除后，刷801界面剂。披刮腻子2~3遍，乳胶漆面漆2遍 |
| 4 | 石膏线 | 13.50 | m | 25.00 | 337.50 | 成品石膏线 |
| 5 | 衣橱柜体 | 4.50 | m² | 600.00 | 2700.00 | 细木工板柜体，九厘板做背板，柜体内贴波音软片 |
| 6 | 门+套 | 1.00 | 套 | 1650.00 | 1650.00 | 实木复合门 |
| | 小计 | | | | 5895.50 | |
| **九、书房** | | | | | | |
| 1 | 铲除墙皮 | 28.60 | m² | 2.00 | 57.20 | 墙皮铲除 |
| 2 | 墙面漆（金牌立邦净味全效） | 28.60 | m² | 26.00 | 743.60 | 墙皮铲除后，刷801界面剂。披刮腻子2~3遍，乳胶漆面漆2遍 |
| 3 | 顶面漆（金牌立邦净味全效） | 9.30 | m² | 26.00 | 241.80 | 墙皮铲除后，刷801界面剂。披刮腻子2~3遍，乳胶漆面漆2遍 |
| 4 | 石膏线 | 11.40 | m | 25.00 | 285.00 | 成品石膏线 |
| 5 | 书橱 | 8.50 | m² | 450.00 | 3825.00 | 细木工板柜体，九厘板做背板，柜体内贴波音软片 |
| 6 | 门+套 | 1.00 | 套 | 1650.00 | 1650.00 | 实木复合门 |
| 7 | 石膏板隔墙 | 6.00 | m² | 125.00 | 750.00 | 木龙骨骨架，石膏板饰面 |
| | 小计 | | | | 7552.60 | |
| **十、次卧室** | | | | | | |
| 1 | 铲除墙皮 | 38.00 | m² | 2.00 | 76.00 | 墙皮铲除 |
| 2 | 墙面漆（金牌立邦净味全效） | 38.00 | m² | 26.00 | 988.00 | 墙皮铲除后，刷801界面剂。披刮腻子2~3遍，乳胶漆面漆2遍 |
| 3 | 顶面漆（金牌立邦净味全效） | 13.50 | m² | 26.00 | 351.00 | 墙皮铲除后，刷801界面剂。披刮腻子2~3遍，乳胶漆面漆2遍 |
| 4 | 石膏线 | 15.00 | m | 25.00 | 375.00 | 成品石膏线 |
| 5 | 衣橱柜体 | 4.86 | m² | 600.00 | 2916.00 | 细木工板柜体，九厘板做背板，柜体内贴波音软片 |
| 6 | 门+套 | 1.00 | 套 | 1650.00 | 1650.00 | 实木复合门 |
| | 小计 | | | | 6356.00 | |

## 十一、厨房

| | | | | | | |
|---|---|---|---|---|---|---|
| 1 | 集成吊顶 | 7.50 | m² | 180.00 | 1350.00 | 轻钢龙骨骨架，铝扣板封顶 |
| | 小计 | | | | 1350.00 | |

## 十二、客卫生间

| | | | | | | |
|---|---|---|---|---|---|---|
| 1 | 集成吊顶 | 6.50 | m² | 180.00 | 1170.00 | 轻钢龙骨骨架，铝扣板封顶 |
| 2 | 门+套 | 1.00 | 套 | 1650.00 | 1650.00 | 实木复合门 |
| 3 | 隐形门 | 1.00 | 套 | 2100.00 | 2100.00 | 实木复合门 |
| | 小计 | | | | 4920.00 | |
| | 合计: | | | | 79309.30 | |

## 十三、其他

| | | | | | | |
|---|---|---|---|---|---|---|
| 1 | 安装灯具 | 1.00 | 项 | 800.00 | 800.00 | 仅安装费用不含灯具（甲供灯具） |
| 2 | 垃圾清运 | 1.00 | 项 | 600.00 | 600.00 | 运到物业指定地点（不包含外运） |
| 3 | 电路改造 | 1.00 | 项 | 2100.00 | 2100.00 | 不含开关、插座、灯具等 |
| 4 | 水路改造 | 1.00 | 项 | 2400.00 | 2400.00 | 不含开关、插座、灯具等 |
| 5 | 防水 | 35.00 | m² | 60.00 | 2100.00 | |
| 6 | 墙体拆除费 | 30.00 | m² | 50.00 | 1500.00 | |
| | 小计 | | | | 9500.00 | |
| **工程管理费+设计费：（元）** | | | | | 9517.00 | 施工费合计×12% |
| **工程直接费用合计：（元）** | | | | | 98326.00 | |
| **主材** | | | | | | |
| 1 | 卧室木地板 | 53.30 | m² | 155.00 | 8261.50 | 实木复合木地板 |
| 2 | 800×800地面砖 | 63.90 | m² | 125.00 | 7987.50 | 800×800地面砖 |
| 3 | 地面砖人工费 | 63.90 | m² | 45.00 | 2875.50 | 水泥沙子+人工 |
| 4 | 木地板踢脚线 | 35.00 | m | 20.00 | 700.00 | 成品 |
| 5 | 卫生间地砖 | 11.00 | m² | 90.00 | 990.00 | 300×300防滑砖 |
| 6 | 人工+辅料 | 11.00 | m² | 45.00 | 495.00 | 水泥沙子+人工 |
| 7 | 卫生间墙砖 | 38.60 | m² | 90.00 | 3474.00 | 300×450瓷砖 |
| 8 | 人工+辅料 | 38.60 | m² | 55.00 | 2123.00 | 水泥沙子+人工 |
| 9 | 厨房地砖 | 7.50 | m² | 90.00 | 675.00 | 300×300防滑砖 |
| 10 | 人工+辅料 | 7.50 | m² | 45.00 | 337.50 | 水泥沙子+人工 |
| 11 | 厨房墙砖 | 27.50 | m² | 90.00 | 2475.00 | 300×450瓷砖 |

| 12 | 人工+辅料 | 27.50 | m² | 55.00 | 1512.50 | 水泥沙子+人工 |
|---|---|---|---|---|---|---|
| 13 | 阳台地砖 | 10.00 | m² | 90.00 | 900.00 | 300×300防滑砖 |
| 14 | 人工+辅料 | 10.00 | m² | 55.00 | 550.00 | 水泥沙子+人工 |
| 15 | 地面自流平 | 53.30 | m² | 35.00 | 1865.50 | 地面找平 |
| 16 | 整体厨房地柜 | 8.00 | m | 1650.00 | 13200.00 | |
| 17 | 整体厨房吊柜 | 5.00 | m | 600.00 | 3000.00 | |
| 18 | 厨房推拉门 | 4.60 | m² | 420.00 | 1932.00 | |
| 19 | 衣橱推拉门 | 21.00 | m² | 380.00 | 7980.00 | |
| 20 | 阳台推拉门 | 8.90 | m² | 420.00 | 3738.00 | |
| | 小计 | | | | 65072.00 | |
| **主材代购费：（元）** | | | | | 3254.00 | 主材总价×5% |
| **工程总造价：（元）** | | | | | 68326.00 | |
| **最后工程合计总造价：（元）** | | | | | 166652.00 | |

| 注意事项 | |
|---|---|
| **温馨提示** | 1.为了维护您的利益,请您不要接受任何的口头承诺。<br>2.计算乳胶漆面积和墙砖面积时,门窗洞口面积减半计算，以上墙漆报价不含特殊墙面处理。<br>3.实际发生项目若与报价单不符,一切以实际发生为准。<br>4.水电施工按实际发生计算(算在增减项内)。电路改造：明走管18元/米；砖墙暗走管26元/米；混凝土暗走管32元/米。水路改造：PPR明走管65元/米；暗走管80元/米。新开槽布底盒4元/个，原有底盒更换2元/个(西蒙)。水电路工程不打折。 |

# 案例8

项目名称：睿智人生
建筑面积：132平方米
设 计 师：刘耀成
房　　型：三室二厅
主　　材：油漆、大理石、软包、镜框、木地板、地砖、墙砖、整体橱柜、壁纸等
工程造价：15万

## 设计说明 Explanation

### 睿智人生

　　本案从色彩、材料、造型、线条以及灯光上着手，通过色彩的对比以及风格的混搭，为业主打造了一个时尚实用、温馨满载的生活空间。

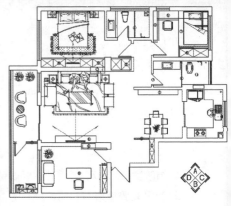

平面布置图

## 预算单

| 序号 | 项目 | 工程量 | 单位 | 单价 | 合价 | 备注 |
|---|---|---|---|---|---|---|
| **一、门厅+走廊** | | | | | | |
| 1 | 铲除墙皮 | 35.80 | m² | 2.00 | 71.60 | 墙皮铲除 |
| 2 | 墙面漆（金牌立邦净味全效） | 35.80 | m² | 26.00 | 930.80 | 墙皮铲除后，刷801界面剂。披刮腻子2~3遍，乳胶漆面漆2遍 |
| 3 | 顶面漆（金牌立邦净味全效） | 14.00 | m² | 26.00 | 364.00 | 墙皮铲除后，刷801界面剂。披刮腻子2~3遍，乳胶漆面漆2遍 |
| 4 | 轻钢龙骨石膏板吊顶 | 14.00 | m² | 155.00 | 2170.00 | 轻钢龙骨框架、九厘石膏板贴面、按公司工艺施工（详见合同附件），批灰及乳胶漆、布线及灯具安装另计 |
| 5 | 石膏线 | 10.00 | m² | 25.00 | 250.00 | 成品石膏线 |
| 6 | 鞋柜造型 | 1.00 | 项 | 1200.00 | 1200.00 | 细木工板柜体，枫木饰面板饰面，喷清油 |
| 7 | 门+套 | 1.00 | 套 | 1650.00 | 1650.00 | 实木复合门 |
| | 小计 | | | | 6636.40 | |
| **二、客厅** | | | | | | |
| 1 | 铲除墙皮 | 21.00 | m² | 2.00 | 42.00 | 墙皮铲除 |
| 2 | 墙面漆（金牌立邦净味全效） | 21.00 | m² | 26.00 | 546.00 | 墙皮铲除后，刷801界面剂。披刮腻子2~3遍，乳胶漆面漆2遍 |
| 3 | 顶面漆（金牌立邦净味全效） | 25.60 | m² | 26.00 | 665.60 | 墙皮铲除后，刷801界面剂。披刮腻子2~3遍，乳胶漆面漆2遍 |

| | | | | | | |
|---|---|---|---|---|---|---|
| 4 | 轻钢龙骨石膏板吊顶 | 25.60 | m² | 155.00 | 3968.00 | 轻钢龙骨框架、九厘石膏板贴面、按公司工艺施工（详见合同附件），批灰及乳胶漆、布线及灯具安装另计 |
| 5 | 石膏线 | 35.00 | m² | 25.00 | 875.00 | 成品石膏线 |
| 6 | 窗帘盒 | 4.50 | m | 85.00 | 382.50 | 细木工板基层，石膏板饰面 |
| 7 | 墙面大理石基层 | 8.90 | m² | 125.00 | 1112.50 | 细木工板框架 |
| 8 | 电视柜 | 2.40 | m | 600.00 | 1440.00 | 细木工板柜体，澳松板面板饰面，喷白色混油 |
| 9 | 软包 | 12.00 | m² | 320.00 | 3840.00 | 成品布艺软包 |
| 10 | 装饰隔板 | 5.00 | m² | 300.00 | 1500.00 | 细木工板柜体，澳松板面板饰面，喷白色混油 |
| 11 | 茶镜 | 5.00 | m² | 155.00 | 775.00 | 5mm茶镜 |
| 12 | 白色镜框线 | 16.00 | m | 55.00 | 880.00 | 白色成品镜框线 |
| 13 | 推拉门套 | 12.60 | m | 125.00 | 1575.00 | 实木复合 |
| | 小计 | | | | 17601.60 | |

### 三、餐厅

| | | | | | | |
|---|---|---|---|---|---|---|
| 1 | 铲除墙皮 | 18.50 | m² | 2.00 | 37.00 | 墙皮铲除 |
| 2 | 墙面漆（金牌立邦净味全效） | 18.50 | m² | 26.00 | 481.00 | 墙皮铲除后，刷801界面剂。披刮腻子2～3遍，乳胶漆面漆2遍 |
| 3 | 顶面漆（金牌立邦净味全效） | 13.00 | m² | 26.00 | 338.00 | 墙皮铲除后，刷801界面剂。披刮腻子2～3遍，乳胶漆面漆2遍 |
| 4 | 轻钢龙骨石膏板吊顶 | 13.00 | m² | 155.00 | 2015.00 | 轻钢龙骨框架、九厘石膏板贴面、按公司工艺施工（详见合同附件），批灰及乳胶漆、布线及灯具安装另计 |
| 5 | 石膏线 | 24.00 | m² | 25.00 | 600.00 | 成品石膏线 |
| 6 | 酒柜 | 10.00 | m² | 450.00 | 4500.00 | 细木工板柜体，澳松板面板饰面，喷白色混油 |
| 7 | 推拉门套 | 11.00 | m | 125.00 | 1375.00 | 实木复合 |
| 8 | 花格隔断 | 10.30 | m² | 320.00 | 3296.00 | 成品中式花格 |
| 9 | 边框造型 | 1.00 | 项 | 800.00 | 800.00 | 细木工板柜体，澳松板面板饰面，喷白色混油 |
| | 小计 | | | | 13442.00 | |

## 四、主卧室

| | | | | | | |
|---|---|---|---|---|---|---|
| 1 | 铲除墙皮 | 32.50 | m² | 2.00 | 65.00 | 墙皮铲除 |
| 2 | 墙面漆（金牌立邦净味全效） | 32.50 | m² | 26.00 | 845.00 | 墙皮铲除后，刷801界面剂。披刮腻子2~3遍，乳胶漆面漆2遍 |
| 3 | 顶面漆（金牌立邦净味全效） | 19.00 | m² | 26.00 | 494.00 | 墙皮铲除后，刷801界面剂。披刮腻子2~3遍，乳胶漆面漆2遍 |
| 4 | 轻钢龙骨石膏板吊顶 | 19.00 | m² | 155.00 | 2945.00 | 轻钢龙骨框架、九厘石膏板贴面、按公司工艺施工（详见合同附件），批灰及乳胶漆、布线及灯具安装另计 |
| 5 | 衣橱柜体 | 15.90 | m² | 600.00 | 9540.00 | 细木工板柜体，九厘板做背板，柜体内贴波音软片 |
| 6 | 衣橱柜门 | 15.90 | m² | 240.00 | 3816.00 | 细木工板柜体，澳松板面板饰面，喷白色混油 |
| 7 | 门+套 | 1.00 | 套 | 1650.00 | 1650.00 | 实木复合门 |
| 8 | 石膏线 | 28.00 | m² | 25.00 | 700.00 | 成品石膏线 |
| | 小计 | | | | 20055.00 | |

## 五、主卧卫生间

| | | | | | | |
|---|---|---|---|---|---|---|
| 1 | 集成吊顶 | 3.00 | m² | 180.00 | 540.00 | 轻钢龙骨骨架，铝扣板封顶 |
| 2 | 门+套 | 1.00 | 套 | 1650.00 | 1650.00 | 实木复合门 |
| | 小计 | | | | 2190.00 | |

## 六、次卧室

| | | | | | | |
|---|---|---|---|---|---|---|
| 1 | 铲除墙皮 | 32.00 | m² | 2.00 | 64.00 | 墙皮铲除 |
| 2 | 墙面壁纸基层 | 32.00 | m² | 23.00 | 736.00 | 墙皮铲除后，刷801界面剂。披刮腻子2~3遍 |
| 3 | 顶面漆（金牌立邦净味全效） | 14.00 | m² | 26.00 | 364.00 | 墙皮铲除后，刷801界面剂。披刮腻子2~3遍，乳胶漆面漆2遍 |
| 4 | 石膏线 | 16.00 | m | 25.00 | 400.00 | 成品石膏线 |
| 5 | 门+套 | 1.00 | 套 | 1650.00 | 1650.00 | 实木复合门 |
| | 小计 | | | | 3214.00 | |

## 七、书房

| | | | | | | |
|---|---|---|---|---|---|---|
| 1 | 铲除墙皮 | 28.60 | m² | 2.00 | 57.20 | 墙皮铲除 |
| 2 | 墙面漆（金牌立邦净味全效） | 28.60 | m² | 26.00 | 743.60 | 墙皮铲除后，刷801界面剂。披刮腻子2~3遍，乳胶漆面漆2遍 |
| 3 | 顶面漆（金牌立邦净味全效） | 13.50 | m² | 26.00 | 351.00 | 墙皮铲除后，刷801界面剂。披刮腻子2~3遍，乳胶漆面漆2遍 |
| 4 | 石膏线 | 15.00 | m | 25.00 | 375.00 | 成品石膏线 |

| 5 | 书橱 | 4.50 | m² | 450.00 | 2025.00 | 细木工板柜体，九厘板做背板，柜体内贴波音软片 |
|---|---|---|---|---|---|---|
| 6 | 门+套 | 1.00 | 套 | 1650.00 | 1650.00 | 实木复合门 |
| | 小计 | | | | 5201.80 | |

**八、厨房**

| 1 | 集成吊顶 | 7.50 | m² | 180.00 | 1350.00 | 轻钢龙骨骨架，铝扣板封顶 |
|---|---|---|---|---|---|---|
| | 小计 | | | | 1350.00 | |

**九、客卫生间**

| 1 | 集成吊顶 | 6.50 | m² | 180.00 | 1170.00 | 轻钢龙骨骨架，铝扣板封顶 |
|---|---|---|---|---|---|---|
| 2 | 门+套 | 1.00 | 套 | 1650.00 | 1650.00 | 实木复合门 |
| | 小计 | | | | 2820.00 | |

**十、阳台**

| 1 | 顶面漆（金牌立邦净味全效） | 12.00 | m² | 26.00 | 312.00 | 墙皮铲除后，刷801界面剂。披刮腻子2-3遍，乳胶漆面漆2遍 |
|---|---|---|---|---|---|---|
| 2 | 门+套 | 1.00 | 套 | 1650.00 | 1650.00 | 实木复合门 |
| | 小计 | | | | 1962.00 | |
| | 合计： | | | | 74472.80 | |

**十一、其他**

| 1 | 安装灯具 | 1.00 | 项 | 700.00 | 700.00 | 仅安装费用不含灯具（甲供灯具） |
|---|---|---|---|---|---|---|
| 2 | 垃圾清运 | 1.00 | 项 | 600.00 | 600.00 | 运到物业指定地点（不包含外运） |
| 3 | 电路改造 | 1.00 | 项 | 2100.00 | 2100.00 | 不含开关、插座、灯具等 |
| 4 | 水路改造 | 1.00 | 项 | 2400.00 | 2400.00 | 不含开关、插座、灯具等 |
| 5 | 防水 | 35.00 | m² | 60.00 | 2100.00 | |
| | 小计 | | | | 7900.00 | |
| **工程管理费+设计费：（元）** | | | | | 8937.00 | 施工费合计×12% |
| **工程直接费用合计：（元）** | | | | | 91310.00 | |

**主材**

| 1 | 卧室木地板 | 46.50 | m² | 155.00 | 7207.50 | 实木复合木地板 |
|---|---|---|---|---|---|---|
| 2 | 800×800地面砖 | 52.60 | m² | 125.00 | 6575.00 | 800×800地面砖 |
| 3 | 地面砖人工费 | 52.60 | m² | 45.00 | 2367.00 | 水泥沙子+人工 |
| 4 | 木地板踢脚线 | 32.00 | m | 20.00 | 640.00 | 成品 |
| 5 | 卫生间地砖 | 9.50 | m² | 90.00 | 855.00 | 300×300防滑砖 |
| 6 | 人工+辅料 | 9.50 | m² | 45.00 | 427.50 | 水泥沙子+人工 |
| 7 | 卫生间墙砖 | 32.70 | m² | 90.00 | 2943.00 | 300×450瓷砖 |
| 8 | 人工+辅料 | 32.70 | m² | 55.00 | 1798.50 | 水泥沙子+人工 |
| 9 | 厨房地砖 | 7.50 | m² | 90.00 | 675.00 | 300×300防滑砖 |
| 10 | 人工+辅料 | 7.50 | m² | 45.00 | 337.50 | 水泥沙子+人工 |
| 11 | 厨房墙砖 | 27.50 | m² | 90.00 | 2475.00 | 300×450瓷砖 |
| 12 | 人工+辅料 | 27.50 | m² | 55.00 | 1512.50 | 水泥沙子+人工 |
| 13 | 阳台地砖 | 12.00 | m² | 90.00 | 1080.00 | 300×300防滑砖 |

| 14 | 人工+辅料 | 12.00 | m² | 55.00 | 660.00 | 水泥沙子+人工 |
|----|----------|-------|-----|--------|---------|---------------|
| 15 | 阳台墙砖 | 24.70 | m² | 90.00 | 2223.00 | 300×450瓷砖 |
| 16 | 人工+辅料 | 24.70 | m² | 55.00 | 1358.50 | 水泥沙子+人工 |
| 17 | 地面自流平 | 46.50 | m² | 35.00 | 1627.50 | 地面找平 |
| 18 | 整体厨房地柜 | 6.00 | m | 1650.00 | 9900.00 | |
| 19 | 整体厨房吊柜 | 5.00 | m | 600.00 | 3000.00 | |
| 20 | 厨房推拉门 | 6.90 | m² | 420.00 | 2898.00 | |
| 21 | 阳台推拉门 | 8.90 | m² | 420.00 | 3738.00 | |
| 22 | 壁纸 | 8.00 | 卷 | 150.00 | 1200.00 | |
| 23 | 壁纸人工费 | 8.00 | 卷 | 25.00 | 200.00 | |
| 24 | 壁纸胶 | 40.00 | m² | 10.00 | 400.00 | |
| | 小计 | | | | 56098.50 | |
| **主材代购费：（元）** | | | | | 2805.00 | 主材总价×5% |
| **工程总造价：（元）** | | | | | 58903.00 | |
| **最后工程合计总造价：（元）** | | | | | 150213.00 | |

## 注意事项

**温馨提示**

1.为了维护您的利益,请您不要接受任何的口头承诺。

2.计算乳胶漆面积和墙砖面积时,门窗洞口面积减半计算，以上墙漆报价不含特殊墙面处理。

3.实际发生项目若与报价单不符,一切以实际发生为准。

4.水电施工按实际发生计算（算在增减项内）。电路改造：明走管18元/米；砖墙暗走管26元/米；混凝土暗走管32元/米。水路改造：PPR明走管65元/米；暗走管80元/米。新开槽布底盒4元/个，原有底盒更换2元/个（西蒙）。水电路工程不打折。